问号博士系列

走进能源天地

ZOUJINNENGYUANTIANDI

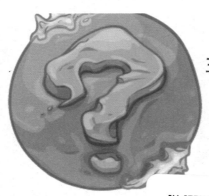

主编：郭哲华

U0309247

台海出版社

图书在版编目(CIP)数据

走进能源天地 / 郭哲华编著·——北京:台海出版社,2012.11

ISBN 978-7-80141-997-2

Ⅰ.①走… Ⅱ.①郭… Ⅲ.①能源－问题解答 Ⅳ.①TK01-44

中国版本图书馆 CIP 数据核字(2012)第 211288 号

走进能源天地　　　问号博士丛书

编　著:郭哲华

责任编辑:孙铁楠　　　　　　封面设计:李　芳

版式设计:李二鹏　　　　　　责任印制:蔡　旭

出版发行:台海出版社

地　址:北京市景山东街 20 号　　　邮政编码:100009

电　话:010-64041652(发行,邮购)

传　真:010-84045799(总编室)

网　址:http://www.taimeng.org.cn/thcbs/default.htm

E-mail:thcbs@126.com

经　销:全国各地新华书店

印　制:阳光彩色印刷有限公司

本书如有破损、缺页、装订错误,请与本社联系调换

开　本:787×1092　　1/16

字　数:104 千字　　　　　　印　张:10

版　次:2012 年 11 月第 1 版　　印　次:2012 年 11 月第 1 次印刷

书　号:ISBN 978-7-80141-997-2

定　价:23.8 元

前言

FOREWORD

　　亲爱的朋友，马上就要开始一次令你难以忘怀的旅行了，是不是已经迫不及待地想要开始了？别急，别急，古人说的好："凡事预则立，不预则废"，所以我们先来了解一下我们的目的地吧！

　　从蹒跚学步的儿童，到朝气蓬勃的少年，你们的视野在慢慢扩大，疑问也逐步增多，是不是突然发现：天啊！我竟然有这么多不知道的东西。是不是已经由原来自以为的无所不知到现在的毫不知晓？是不是开始对自己的能力提出了质疑？

　　亲爱的朋友，如果你真的如上面所说，作为你们的朋友，我要道喜了！别，可别以为我在嘲笑你哦！你知道吗？一个人长大的标志就是开始发现原来自己的身边有这么多自己不知道的东西，开始明白自己欠缺的是哪里，当你知道自己努力的方向时，是不是意味着你正在向更优秀的自己靠近？

　　今天我们要前往的是一个充满了奇迹的花园哦！这里面有好多好多你想不到的奇迹，快快悄悄地瞄一眼吧！

　　动物篇，带你走进动物的王国，陪你看小小的蚂蚁搬家；带你"刺探"鲸的秘密；领你与燕子齐飞，再去采访爱排"人"字的大雁；回到陆地，咱去拜访眼睛冒绿光的大灰狼！

　　植物篇，骇人听闻的大新闻：植物还分男女？想不到吧！再告诉你个小秘密，甘蔗的根部最甜哦！

　　能源篇，带我们看清什么才是真正的能源；见识我们闻所未闻的新能源；太阳竟然是"能源之母"；湛蓝可爱的大海还有"蓝色油田"的美名啊！

　　科技篇，带领我们见识那些威风凛凛的作战武器：水雷、激光武器等；还带我们了解身边的信息技术：光纤、黑客、防火墙等；又马不停蹄地带我们窥探生命的奥秘：基因、克隆、转基因等。

　　天体篇，你还不知道吧？在我们眼中大如天的地球只是宇宙中一个小小的如灰尘一般的小角色。还有更神奇的呢，你知道什么是黑洞吗？知道射电望远镜是干什么用的吗？

　　女孩篇，了解我们自己，这可是一个大问题，长大了，发生了好多难以启齿的变化——身体上和心理上，让问号博士给你一一解答，让你成为你理想中最美丽的公主！

　　男孩篇，从男孩向男人的过渡阶段，我该怎么应对心理上难以启齿的秘密？怎么才可以成为一个真正的男子汉？别急别急，慢慢来，问号博士可不会忘了你们这群未来的男子汉哦！

　　亲爱的朋友们，都准备好了吗？现在要开始进入最激动人心的时刻了，我们要用眼睛去见证我们的成长了！

　　Let's go!

目录

contents

第一章 "利弊交加"- 化石燃料

　　人类自从工业革命以来，生活进入了一个新的时期。在这个新时期内，能源起到了至关重要的作用。煤炭、石油、天然气影响着我们生活、生产的方方面面。

　　可是，事有利弊，随着科学技术的发展，我们发现，能源也不是"取之不尽用之不竭"的，煤炭、石油、天然气等的储量在日渐减少。更严重的是，能源的不合理利用，带来了环境污染等后果。环境恶化直接影响到我们人类的生存。大气臭氧洞、温室效应、冰川融化等就是大自然对我们的惩罚。

　　我们只有一个地球，让我们为家园更美好努力。珍惜能源，保护环境，从我做起。

问号博士

你知道什么是能源吗？

悠悠：经常听老师说，人类的生存离不开能源。而现在能源缺乏，要珍惜能源。那么，什么才算是能源呢？

问号博士：只要能提供能源的资源就叫做能源。它可以直接或间接向人类提供光源、热量、动力等任何形式能量。简单地来说，能源包括煤炭、天然气、煤气、水能、核能、风能、太阳能、地热能等直接运用的一次能源和电力、热力、成品油等经过加工才能运用的二次能源，以及其他新能源和可再生能源。能源是国家发展的重要的物质基础，所以我们要节约能源。

小知识

中国已探明最大的煤田是神府煤田，占全国探明储量的15%。

你知道什么是**不**可再生能源吗？

悠悠：不可再生能源是用完了就再也没有了的能源吗？汽车的汽油燃料和做饭用的天然气是不可再生能源吗？

问号博士：是的。不可再生能源就是指经人类开发利用后，在目前阶段不能再生的能源，也叫"非可再生能源"。如石油是古代海洋或湖泊中的生物遗体被掩压在地下深层中，经过漫长的演化而形成的(所以也称"化石燃料")。石油一旦被用完后，数百年乃至数千万年内都不可能再生，因而属于"不可再生能源"。除此之外，不可再生能源还有煤、天然气等。这些能源燃烧时，排放出大量的有害气体（如二氧化碳），污染环境，破坏大气臭氧层，加速全球变暖。

小 知 识

最早提出"石油"一词的是公元 977 年北宋编著的《太平广记》。北宋著名科学家沈括在《梦溪笔谈》中正式命名为石油。

3

问号博士

为什么说能源是人类**生存**的物质基础？

悠悠：邻居爷爷说，能源是我们人类生存的物质基础。我不明白为什么这样说？是因为我们做饭用煤气，驾驶汽车用汽油吗？

问号博士：人类要生存，首先是要吃食物，食物就是物质，必不可少。人类要获得食物，必须要有从物质中生产出食物的条件，比如农作物生长要靠光合作用，太阳光就是能源。我们人类目前利用的最多的能源就是太阳能；比如植物生长（动物也是主要以植物为食），柴草、煤炭、石油、天然气等燃料，水能、风能等能源，都间接属于太阳能。我们还利用其他诸如核能、潮汐能、地热能等发电照明。总之，没有能源，人类就连最基本的食物不会有。

小知识

全世界最大的煤炭消费国是中国，中国每年的煤消耗量占全球消耗量的35%。

为什么说能源短缺和环境
恶化是人类发展中的
"拦路虎"？

悠悠：老师说能源短缺和环境恶化是人类发展的"拦路虎"。我不明白，博士能告诉我吗？

问号博士：能源短缺会使我们的生活受到影响。人类的食物无法正常摄取，很多日常家用电器也不能正常使用。医学设备更无法正常运行，会耽误我们治病，影响健康，甚至危害生命。同样我们的交通工具也无法使用。影响我们的正常生活。

因此能源短缺会导致我们人类寸步难行。环境恶化就更不用说了，大量抽取地下水，导致城市沉降、酸雨、全球变暖，导致南极冰川融化、海平面上升，淹没许多沿海地区。所以，能源短缺和环境恶化这两个大问题，是人类持续发展路上的"拦路虎"。我们要节约资源，开发新能源，爱护环境，让我们的家园—地球更美。

小 知 识

世界沙漠化土地已经达3600万平方公里，几乎是中国、美国和俄罗斯国土面积的总和。

什么是环境污染？

悠悠：我知道不可以随意往地上扔垃圾、吐痰、焚烧垃圾，这些都是破坏环境的。可是环境污染就只包括这些吗？

问号博士：不止这些。环境污染是我们人类在生产和生活的过程中将有害物质直接或间接地向环境排放，引起环境系统的结构发生变化，从而使环境恶化，对人类的生存与发展、生态系统和财产造成不利影响的现象。

污染具体包括：水污染、大气污染、噪声污染、放射性污染等。随着生产力的发展和人民生活水平的提高，环境污染也在加剧，特别是在发展中国家。如何解决环境污染问题成为世界各个国家的共同课题之一。

小 知 识

绿色植物如悬铃木、圆柏等，能够分泌抗生素，杀灭空气中的病原菌。因此，森林和公园的空气比市区的清新。

保护环境, 我们应该怎么做?

悠悠："保护环境, 人人有责", 环境是靠我们大家来维持的, 要从身边的小事做起。请问博士, 我们应该怎么做呢?

问号博士: 1. 去超市购物、市场买菜自备环保袋。随意丢弃的塑料袋会影响卫生和市容。更为严重的是塑料在自然界中上百年不能降解, 若进行焚烧, 又会产生有毒气体。2. 尽量乘坐公共汽车。汽车不但排放尾气, 而且产生噪声污染。3. 爱护花草树木, 爱护野生动物。4. 注意废物的回收和利用。5. 不放烟花鞭炮。当鞭炮点燃后, 产生的有害气体对人的呼吸道和眼睛有刺激作用。6. 养成文明卫生的生活习惯(玩电脑时放小音量, 不影响他人学习和休息)。7. 向家长宣传环保知识。8. 在老师的带领下组织宣传环保小组。

小知识

1972年联合国人类环境会议以后, "环境保护"这一术语被广泛的采用。

KING LONG
CITY BUS

7

问号博士

工业废水可以循环利*用*吗？

悠悠：工厂在生产过程中需要大量的水，也排出了大量废水。如果把废水处理好，不就能再次使用了吗？那么废水可以循环利用吗？

问号博士：废水造成的污染是多方面的，对河流、湖泊、海洋、土壤等人类繁衍生息的环境造成严重破坏。废水经过初步处理，进行循环再生利用，可以让人类在目前现有条件下最大程度的利用水资源。

工业废水的处理工程叫"中水工程"，废水回用叫"中水回用"。处理废水时，一般要经过除油、中和、气浮、沉淀、过滤、脱色、消毒等工艺去掉里面的杂质，还要通过好氧、验氧。有时为了达到水质，还要求超滤、微滤、RO反渗透等工艺。

工业废水循环利用在技术上是可行的，关键是经济上不合算，需要进行技术经济比较来选择。

小 知 识

废水经过处理后达到一定的标准，可以绿化浇灌、车辆冲洗、道路冲洗等，从而达到节约用水的目的。

什么是**大气**污染，大气污染有什么**危害**？

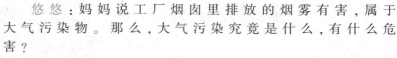

悠悠：妈妈说工厂烟囱里排放的烟雾有害，属于大气污染物。那么，大气污染究竟是什么，有什么危害？

问号博士：大气污染通常是指由于人类生产生活或由自然过程引起某些物质进入大气中，使空气质量变差，并因此危害了人体的健康和生命或环境污染的现象。

大气污染可致人中毒（急性中毒、慢性中毒、甚至致癌）。大气污染会造成工业损失：对工业材料、设备和建筑设施的腐蚀。灰尘给精密仪器、设备的生产及使用带来不利影响。大气污染对农业生产的危害是酸雨。严重的酸雨会使森林死亡和鱼类灭绝。大气污染物引发的"臭氧洞"问题，成为了全球关注的焦点。

小 知 识

印度帕博尔农药厂甲基异氰酸酯泄漏，直接危害人体，发生了2500人丧生，十多万人受害。

怎么**防治**大气污染？

悠悠：大气污染的危害实在是大，我们应该想办法解决。博士，怎么才能防治大气污染呢？

问号博士：1.工厂的生产区应设在城市主导风向的下风向。工厂区与城市生活区之间，一定要有间隔距离，并栽种树木花草。2.改善能源结构。煤炭在燃烧过程中释放出大量的有害气体，所以要想从根本上解决大气污染，必须开发新能源，使用绿色、清洁的能源（如太阳能、风能等）。3.集中供热。要建立规模大的热电厂和供热站，代替居民使用的炉灶、空调。4.植树造林。植物能够吸收二氧化碳等有害气体，净化空气。5.用环保无氟冰箱代替含氟冰箱。

小知识

房间里放足够的吊兰，在24小时之内，80%的有害物质会被杀死；而虎尾兰，白天可以释放出大量的氧气。

什么是"光化学烟雾"？

悠悠：老师说当听到"气象部门已发布了光化学烟雾警报"时，不要出门到外面玩。为什么不能出门呢？

问号博士：光化学烟雾指的是一系列对环境和健康有害的化学物。它们被称为光化学烟雾是因为它们由最初的污染物质光解而产生的。光化学烟雾是一种淡蓝色烟雾，属于大气中二次污染物。

具体来说就是汽车、工厂等污染源排入大气的碳氧化合物和氮氧化物等一次污染物，在阳光的作用下发生化学反应，生成臭氧、醛、酮、酸、过氧乙酰硝酸酯等二次污染物。参与光化学反应过程的一次污染物和二次污染物的混合物所形成的烟雾污染现象叫做光化学烟雾。

小 知 识

1943年，美国洛杉矶市发生了世界上最早的光化学烟雾事件。此后，在北美、日本、澳大利亚和欧洲部分地区也先后出现这种烟雾现象。

什么是金属污染中的"五毒"?

悠悠：奶奶说"五毒"指的是五种动物，像蛇、蝎子等。那么重金属中"五毒"指的是什么呢？

问号博士：重金属污染是指由重金属或其化合物造成的环境污染。主要由采矿、废气排放、污水灌溉或使用重金属制品等人为因素所致。因人类活动导致环境中的重金属含量增加，超出正常范围，并导致环境恶化。

重金属对人体有毒害作用，其中毒害作用最大的有五种：汞（Hg）、镉（Cd）、铅（Pb）、铬（Cr）和砷（As），俗称"五毒"。

重金属污染首先会使土壤受到污染，但可以用耐重金属的植物来修复土壤。非农业耕地的，可以用来做游乐园。其次是人体伤害。这些重金属在水中不能被分解，人饮用后毒性放大，与水中的其它毒素结合生成毒性更大的有机物。

小 知 识

科学研究发现种董菜、蜈蚣草可以有效治理土壤中的重金属污染问题。目前治理土壤问题最有效的办法还是植物修复法。

你知道"空中死神"—酸雨产生的原因吗？

悠悠：我在楼下玩的时候，听邻居哥哥讲伦敦曾经发生的烟雾酸雨事件。我不明白，雨还有"酸"的吗，它是怎么形成的呢？

问号博士：由于酸雨是工业高度发展而出现的副产物，人类活动大量使用石油、煤炭、天然气等化石燃料。这些燃料燃烧后会产生大量的有害气体：氮氧化合物或硫氧化合物。这些有害气体在大气中经过复杂的化学反应，形成了硫酸或硝酸气溶胶，或者被云、雨、雪、雾捕捉吸收，降到地面时就成为了酸雨。酸雨正式的名称是"酸性沉降"。它分为"湿沉降"与"干沉降"两大类。"湿沉降"指的是所有气状污染物或粒状污染物，随着雨、雪、雾或雹等降水形态而落到地面者；"干沉降"则是指在不下雨的日子，从空中降下来的落尘所带的酸性物质而言。全国酸雨分布区域主要包括浙江、江西、湖南、福建、重庆的大部分以及长江、珠江三角洲地区。

小 知 识

酸雨会导致土壤酸化，破坏混凝土、砂浆和灰砂砖建筑物。

13

南极臭氧洞是怎么产生的？

悠悠：邻居家的哥哥说，买冰箱一定要买无氟利昂的，因为氟利昂会造成环境污染。南极的臭氧洞某种程度就是使用氟利昂的后果。我不明白南极臭氧洞和氟利昂有什么关系，它究竟是怎么形成的呢？

问号博士：人类的活动，特别是大量使用作为制冷剂和雾化剂的氟利昂，是产生南极臭氧洞的主要原因。人类在生产和生活中泄漏到大气中的氟利昂在高层大气中经紫外线分解成氯原子，氯原子使臭氧产生了分解。在南极上空20千米的高度，因为温度非常低，容易生成冰晶云，这种云加剧了氯的催化作用，使大量的臭氧被分解。南极封闭的大气环流系统使得被分解的臭氧得不到补充。由于，大气中的化学反应和大气运动相辅相成，紧密相关，所以在南极上空形成臭氧空洞。

小知识

化妆品中含有氟利昂，其释放出来后上升进入平流层。从而破坏臭氧层，导致紫外线辐射加强。

臭氧层破坏
有哪些危害？

悠悠：刚才博士讲了氟利昂是南极臭氧洞产生的"元凶"。那么臭氧层被破坏究竟有哪些危害呢？

问号博士：臭氧层被大量破坏后，吸收紫外线辐射的能力大大减弱，导致到达地球表面的紫外线明显增加。紫外线按波长可分为三个部分，波长较短的那两部分，对生物的杀伤力最强，严重时会导致人类得皮肤癌。强烈的紫外线对地面生物的危害，还表现在破坏生物细胞内的遗传物质，如染色体、脱氧核糖核酸和核糖核酸等，严重时会导致生物的遗传病和产生突变体。臭氧层破坏对海洋生物也有很大影响。强烈的紫外线可以穿透海洋 10～30 米，使海洋浮游植物的初级生产力降低了 3/4，抑制了浮游生物的生长，从而对大洋的生态系统产生不利影响。

目前已受到人们普遍关注的主要有对人体健康、陆生植物、水生生态系统、生物化学循环、材料和以及对流层大气组成和空气质量等方面的影响。

小知识

从 1995 年开始，每年的 9 月 16 日被定为"国际保护臭氧层日"。

什么是"温室效应"?

悠悠：我知道温室是用玻璃和塑料搭建而成的塑料大棚。我们冬季吃的蔬菜和水果就是塑料大棚里种植的。但为什么大家说"温室效应"对人类有害呢？

问号博士：此温室非彼温室啊。温室效应，又称"花房效应"，是大气保温效应的俗称。大气能使太阳短波辐射到达地面，但地表向外放出的长波辐射却被大气吸收，这样就使地表与低层大气温度增高，因其作用类似于栽培农作物的温室，所以叫"温室效应"。

温室效应主要是由于现代化工业社会过多燃烧煤炭、石油和天然气，大量排放尾气，这些燃料燃烧后放出大量的二氧化碳气体，还有汽车排放的尾气，这些气体进入大气造成的。

人类活动和大自然还排放氟氯烃、甲烷、低空臭氧和氮氧化物气体等其它温室气体。为减少大气中过多的二氧化碳，一方面需要人们尽量节约用煤用电，少开汽车。另一方面保护好森林和海洋，比如不乱砍滥伐森林，不让海洋受到污染以保护浮游生物的生存。我们还可以通过植树造林，减少使用一次性筷子，节约纸张等等行动来保护绿色植物，使它们多吸收二氧化碳来帮助减缓温室效应。

小 知 识

气温升高还会引起和加剧传染病流行等。以疟疾为例，现在全世界每年约有5亿人得疟疾，其中200多万人死亡。

气候变暖有哪些危害？

悠悠：天冷的时候我们都需要穿很多衣服，那么气候变暖不是好事吗？为什么老师说气候变暖有危害呢？

问号博士：1.气候变暖会使全球海平面上升。近百年来全球海平面已上升了近10～20厘米。2.气候变暖会使极端天气事件频发。厄尔尼诺、干旱、洪涝、雷暴、冰雹、风暴、高温天气和沙尘暴等出现的次数与强度增加。3.气候变暖会使两极冰川融化。如果两极冰川全部融化殆尽，将使全球海平面上升约70米。如果全球变暖继续加剧，将会导致地球一半的物种灭绝。4.气候变暖会使淡水资源流失。非洲乞力马扎罗山的"赤道雪峰"将在10年内消失。5.气候变暖会使农作物减产。气候变暖间接影响全球的水循环，使某些地区出现反常的旱灾或洪灾现象，导致农作物减产。

气候变暖会使疾病肆虐。西尼罗病毒、疟疾、黄热病等热带疾病将会向较冷的地区传播。

小知识

如果海平面上升多于1米，一些岛国，比如马尔代夫便会被淹没。

怎么控制全球变暖的"步伐"呢？

悠悠：气候变暖既危害自然生态系统的平衡，更威胁人类的食物供应和居住环境。那我们应该怎样保护环境，抑制住气候变暖的脚步呢？

问号博士：1.控制煤炭使用量，开发新能源(如太阳能、风能等)。2.保护环境(控制森林砍伐、植树造林、爱护动物)。3.坚决实行计划生育，控制人口数量(人口越多，地球负荷越大)。4.养成节约能源的习惯(不使用一次性筷子、纸杯、塑料袋，随手关上水龙头和电灯)。5.地球日吃素一天 (畜牧业消耗大量的谷类、豆类，也消耗大量珍贵的水)。6.买衣物时选择可以回收再利用的天然棉麻等自然材质。7.用洗脸水、淘菜水、洗衣水冲马桶。8.房间电源、冷气集中使用(人少时尽量集中办公，减少冷气、电灯用量)。9.出门尽量走路和骑自行车。10.尽量不要买或使用气球。气球是非常难分解的化学物。而飘走的气球，可能导致野生动物误食而死亡。

小 知 识

2009 年第 63 届联合国大会将每年的 4 月 22 日定为"世界地球日"。

电磁辐射对人体产生哪些影响?

悠悠:妈妈说,我不能老待在电脑旁,因为电脑有辐射。什么是辐射呢?会对人体产生哪些影响?

问号博士:电磁辐射又称电子辐射,是由空间共同移送的电能量和磁能量所组成,而该能量是由电荷移动所产生。举个例子,正在发射讯号的射频天线所发出的移动电荷,便会产生电磁能量。电磁辐射对人体产生以下的影响:

1.电磁辐射是导致心脑血管疾病、糖尿病、癌突变的主要诱因;

2.电磁辐射对人体生殖系统、神经系统和免疫系统造成直接伤害;

3.电磁辐射是造成不育、孕妇流产、畸胎等病变的诱发因素;

4.过量的电磁辐射间接影响儿童组织发育、骨骼发育,

视力下降;严重者可导致视网膜脱落,肝脏造血功能下降;

5.电磁辐射可使男性性功能下降,女性内分泌紊乱,月经失调。

小知识

不要把家用电器经常一起使用,特别是电视、电脑、冰箱等电器不能集中摆放在卧室里。

问号博士

宇航服为什么是**白**色的？

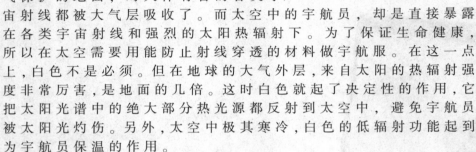

悠悠：看电视时发现很多宇航员穿的宇航服是白色的。我很奇怪，为什么是白色的而不是其他颜色呢？

问号博士：我们平常生活在有大气保护的地面，对人体有害的各类宇宙射线都被大气层吸收了。而太空中的宇航员，却是直接暴露在各类宇宙射线和强烈的太阳热辐射下。为了保证生命健康，所以在太空需要用能防止射线穿透的材料做宇航服。在这一点上，白色不是必须。但在地球的大气外层，来自太阳的热辐射强度非常厉害，是地面的几倍。这时白色就起了决定性的作用，它把太阳光谱中的绝大部分热光源都反射到太空中，避免宇航员被太阳光灼伤。另外，太空中极其寒冷，白色的低辐射功能起到为宇航员保温的作用。

小 知 识

杨利伟是中华人民共和国第一位进入太空的宇航员，当时乘坐的是神舟五号飞船。

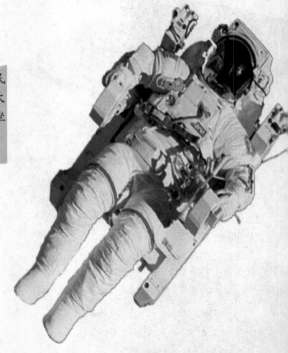

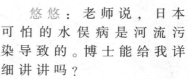

悠悠：老师说，日本可怕的水俣病是河流污染导致的。博士能给我详细讲讲吗？

问号博士：水俣病是指人或其他动物食用了含有机水银污染的鱼贝类，使有机水银侵入脑神经细胞而引起的一种综合性疾病，它是世界上最典型的公害病之一。

1953～1956 年发生在日本熊本县水俣市的公害事件。1953 年发现首例怪病，症状初始是口齿不清、步态不稳、面部痴呆；进而耳聋眼瞎、全身麻木；最后神经失常、身体弯弓、高叫而死。经调查分析，是由于含甲基汞的工业废水持续排入水俣湾和其它河流，通过食物链和生物浓缩后使生物(如鱼和贝壳类动物)中毒，人食用有毒生物后，由于摄入甲基汞而引起发病。这种病因最早发现在水俣湾而命名为"水俣病"。

什么是"厄尔尼诺"现象？

悠悠：爸爸说渔民都很讨厌"厄尔尼诺"现象，因为它会导致鱼大量死亡。什么是"厄尔尼诺"现象呢？

问号博士：西班牙语，又称圣婴现象，是秘鲁、厄瓜多尔一带的渔民用以称呼一种异常气候现象的名词。主要指太平洋东部和中部的热带海洋的海水温度异常地持续变暖，使整个世界气候模式发生变化，造成一些地区干旱而另一些地区又降雨量过多。变暖会使海水温度剧升，冷水鱼群因而大量死亡，海鸟因找不到食物而纷纷离去，渔场顿时失去生机，使沿岸国家遭到巨大损失。

小 知 识

"厄尔尼诺"现象被称为圣婴是因为这种气候现象通常发生在圣诞节前后。

海洋里为什么会有"赤"潮"现象？

悠悠：看新闻的时候，发现有些海洋是红颜色的。为什么这些海洋是红颜色的呢？

问号博士："赤潮"被喻为"红色幽灵"，又称红潮，是海洋生态系统中的一种异常现象。它是由海藻家族中的赤潮藻在特定环境条件下爆发性地增殖造成的。

赤潮现象的产生是由以下原因造成的：

1．海水富营养化。由于城市工业废水和生活污水大量排入海中，使营养物质在水中富集，造成海域富营养化。

2．水文气象和海水理化因子的变化。海水的温度是赤潮发生的重要环境因子，20℃～30℃是赤潮发生的适宜温度范围。科学家发现一周内水温突然升高大于2℃是赤潮发生的先兆。

3．海水养殖的自身污染亦是诱发赤潮的因素之一。随着全国沿海养殖业的大发展，产生了严重的自身污染问题。

4．自然因素也是引发赤潮的重要原因。赤潮多发除了人为原因外，还与纬度位置、季节、洋流、海域的封闭程度等自然因素有关。

小知识

根据引发赤潮的生物种类和数量的不同，海水有时也呈现黄、绿、褐色等不同颜色。

沙尘暴是怎么形成的?

悠悠:去北京旅游时,刮起了很大的风,脸上和身上被吹得尽是沙土。博士能不能告诉我,这么多的风沙天气是怎么形成的呢?

问号博士:这种风沙叫沙尘暴。沙尘暴是沙暴和尘暴两者兼有的总称,是指强风把地面大量沙尘物质吹起并卷入空中,使空气特别混浊,水平能见度小于 1 千米的严重风沙天气现象。有利于产生大风或强风的天气形势、有利的沙、尘源分布和有利的空气不稳定条件是沙尘暴或强沙尘暴形成的主要原因。强风是沙尘暴产生的动力,沙、尘源是沙尘暴产生的物质基础,而不稳定的热力条件利于风力加大、强对流发展,从而夹带更多的沙尘,并卷扬得更高,于是形成沙尘暴或强沙尘暴天气。

沙尘暴的人为成因:干旱半干旱地区的生态环境很脆弱,其植被极易破坏而难以恢复。加上还存在毁林毁草开荒、过度放牧等人为破坏活动,造成了土地沙化不断扩展,这就为扬沙浮尘的天气提供了主要的土沙物质。

小知识

外出时要戴口罩,用纱巾蒙住头,以免沙尘侵害眼睛和呼吸道而造成身体损伤。沙尘天气下,应特别注意交通安全。

泥石流有什么危害？

悠悠：邻居姐姐说，暴雨的时候千万不要去山里。因为可能会遇上泥石流。什么是泥石流呢？它有什么危害呢？

问号博士：泥石流是指在山区或者其他沟谷深壑，地形险峻的地区，因为暴雨暴雪或其他自然灾害引发的山体滑坡并携带有大量泥沙以及石块的特殊洪流。

泥石流对人类的危害具体表现在：冲进乡村、城镇，摧毁房屋、工厂及其他场所设施，淹没人畜、毁坏土地，甚至造成村毁人亡的灾难。泥石流会埋没车站、铁路、公路，摧毁路基、桥等设施，致使交通中断。还可引起正在运行的火车、汽车颠覆，造成重大的人身伤亡事故。泥石流会冲毁水电站、引水渠道及过沟建筑物，淤埋水电站、淤积水库、磨蚀坝面等。泥石流摧毁矿山及其设施，淤埋矿山坑道、伤害矿山人员、造成停工停产，甚至使矿山报废。

小知识

暴雨过后山谷中若出现雷鸣般的声响，预示将会有泥石流发生。

问号博士

为什么要减少汽车**尾气**的排放？

悠悠：爸爸每个星期都会有一天步行上班。我问他，为什么不开车。他说，是为了减少汽车尾气的排放。为什么要减少汽车尾气的排放呢？

问号博士：汽车尾气就是汽车从排气管排出的废气。汽车尾气产生的主要污染物包括一氧化碳、碳氢化合物和氮氧化合物。一氧化碳会阻碍人体的血液吸收和氧气输送，影响人体造血机能，随时可能诱发心绞痛、冠心病等疾病。碳氢化合物会形成毒性很强的光化学烟雾，伤害人体，并会产生致癌物质，产生的白色烟雾对家畜、水果、橡胶制品和建筑物均有损害。氮氧化合物使人中毒比一氧化碳还强，它损坏人的眼睛和肺，并形成光化学烟（是产生酸雨的主要物质），可使植物由绿色变为褐色直至大面积死亡。所以我们要减少汽车尾气的排放。

小知识

补充维生素 B_1、B_2、B_6、B_{12} 和叶酸等，对于改善身体状况和促进生理功能恢复有一定的效果。

什么是"**白色污染**"?

悠悠：奶奶说塑料袋是白色污染，不环保，买菜时要挎着篮子去。那么，什么才是白色污染呢？它对环境会有什么危害呢？

问号博士：所谓"白色污染"是指由农用薄膜、包装用塑料膜、塑料袋和一次性塑料餐具（以上统称塑料包装物）的丢弃所造成的环境污染。由于废旧塑料包装物大多是白色，因此称为"白色污染"。

白色污染会造成很多的危害：1.侵占土地过多。塑料类垃圾在自然界停留的时间很长，最少要200年，最多500年。2.污染空气。塑料、纸屑和粉尘随风飞扬。3.污染水体。不仅造成环境污染，而且如果动物误食了白色垃圾还会伤及健康，甚至会因其在消化道中无法消化而被活活饿死。4.火灾隐患。白色垃圾几乎都是可燃物，遇明火或自燃易引起的火灾事故不断发生。5.白色垃圾可能成为有害生物的巢穴。

小 知 识

2008年的6月1日起，全国各大商场禁止使用无偿塑料袋。

27

什么是**可降解**性塑料?

悠悠:听爸爸说,可降解性塑料可以减少白色污染。什么是可降解性塑料呢?

问号博士:降解塑料是指可以满足使用要求,在保质期内质量性能不变,而使用后在自然环境条件下能降解成对环境无害的物质的塑料。

它主要用于农、林、渔业、生活、医疗等。具体应用在:1.农林渔业。地膜、保水材料、育苗钵、苗床、绳网、农药和农肥缓释材料。2.包装业。购物袋、垃圾袋、堆肥袋、一次性饭盒、方便面碗、女性卫生用品、婴儿尿布。3.医用。褥垫、绷带、夹子、棉签、手套、药物缓释材料以及手术缝合线和骨折固定材料。

可降解塑料袋是指在塑料包装成品的生产进程中添加一定量的添加剂(如淀粉、改性淀粉或其它植物纤维素、光敏剂、生物降解剂等)。废弃后,在生物环境的作用下,可以自行分解。

小 知 识

目前,中国塑料年产量为300万吨,消费量在600万吨以上。

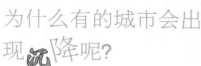

为什么有的城市会出现沉降呢?

悠悠:看新闻时发现,某某城市又下陷了多少。为什么这些城市会出现沉降现象呢?

问号博士:地壳运动会引起地面沉降,但速度极为缓慢。目前引起工业城市地面下沉的主要原因是大量抽取地下水。

这些城市工厂集中,开凿深水井比较多,由此导致地下含水层中的地下水被抽走,形成空隙。受上部土层的压力,含水层中的空隙压缩,便会出现了地面沉降现象。地面沉降的后果是造成地下管道扭曲折断、道路起伏不平、码头被淹、海水倒灌、建筑物因不均匀下沉而产生裂缝甚至倒塌,给工业生产、城市建设和人们生活带来极大危害,已成为工业城市的一大公害。

小 知 识

上海采取人工回灌地下水的方法,使地面沉降得到了有效的控制。

为什么说**森林**是"地球之肺"?

悠悠:老师说,森林是"地球之肺",要爱护森林。我不明白,为什么说森林是"地球之肺"?

问号博士:森林里的树都是氧气生产器和二氧化碳吸收器,放出氧气,吸收二氧化碳。

森林能涵养水源,在水的自然循环中发挥重要的作用。1公顷森林一年能蒸发8000吨水,使林区空气湿润,降水增加,冬暖夏凉,这样它又起到了调节气候的作用。

森林能防风固沙,防止水土流失。狂风吹来,它用树身树冠挡住风的去路,降低风速,树根又长又密,抓住土壤,不让大风吹走。大雨降落到森林里,渗入土壤深层和岩石缝隙,以地下水的形式缓缓流出,土壤就不会被冲走了。

绿色植物的"光合作用"可以美化我们的环境,让我们的生存环境变得更好。所以说森林是"地球之肺"。

小 知 识

联合国粮农组织把"森林"与"生命"定为1991年世界粮食日的主题。

为什么城市会出现"**热**岛现象"？

　　悠悠：昨天我去了郊区的外婆家，发现一个奇怪的事情。外婆家比市区的我家凉快，这是为什么呢？

　　问号博士：城市中的气温明显高于外围郊区的现象叫"热岛现象"。

而之所以会出现热岛现象是因为：

1．城市内有大量锅炉、加热器等耗能装置以及各种机动车辆。这些机器和人类生活活动都消耗大量能量，大部分以热能形式传给城市大气空间。

2．城区大量的建筑物和道路的构成是以砖石、水泥和沥青等材料为主的下垫层。在白天，城市下垫层表面温度远远高于气温。

3．由于城区下垫层保水性差，水分蒸发消耗的热量少，所以城区温度高。

4．城区密集的建筑群、纵横的道路桥梁，构成较为粗糙的城市下垫层。从而对风的阻力增大，风速减低，热量不易散失。

5．城市大气污染使得城区空气质量下降，城市大气吸收较多的红外辐射而升温。

小　知　识

20世纪初，英国气候学家赖克·霍德华在《伦敦的气候》一书中把这种气候特征称为"热岛效应"。

问号博士

土地为什么会*荒漠化*?

悠悠：地理老师说，我国是世界上荒漠化严重的国家之一。我不明白，为什么土地会荒漠化呢？

问号博士：造成土地荒漠化的原因有两个：1.人为活动。人口增长对土地的压力是土地荒漠化的直接原因。干旱土地的过度放牧、粗放经营、盲目垦荒、水资源的不合理利用、过度砍伐森林、不合理开矿等人类活动是加速荒漠化扩展的主要表现。乱挖中药材、毁林等更是直接造成土地荒漠化的人为活动。另外，不合理灌溉方式也造成了耕地次生盐渍化。2.地理环境因素和气候因素。干旱、半干旱及亚湿润干旱地区深居大陆腹地，是全球同纬度地区降水量最少、蒸发量最大、最为干旱脆弱的环境地带。当气候变干时，荒漠化就发展，气候变湿润时，荒漠化就逆转。近年来频繁发生于我国西北、华北(北部)地区的沙尘暴，更加剧了这些地区的荒漠化进程。

小 知 识

每年的6月17日是世界防治荒漠化和干旱日。

为什么不能随便吃野生动物?

悠悠:妈妈说不能随便吃野生动物,那会给我们带来危害。我不明白,博士能详细给我讲讲吗?

问号小博士:不能吃野生动物的原因有两个:1.从生态保护的角度出发。食用国家级野生保护动物,会导致很多珍稀动物都濒临灭绝。再吃的话,它们就会绝种,彻底从地球消失。

2.动物容易传染疾病。狂犬病、疯牛病、禽流感等都是从野生动物开始传播的。野生动物还含有各种病毒,携带各种寄生虫。2003年的"非典"就是我们随便吃果子狸感染的严重急性呼吸道综合症。

一些病毒对动物影响不大,但对人类却有很高的致病性,甚至出现很高的病死率。这是因为野生动物在长期与恶劣环境的抗争中自身已经产生了对病毒的免疫抵抗力。但是人类生活在相对优越的环境中,对抗病毒的能力当然比动物要差一些。

因此,爱护动物就是爱护人类自己。

小 知 识

中国的白臀叶猴(1893年)、中国犀牛(1922年)、普氏野马(1947年)已经灭绝。

第二章 "能源之母"—太阳

俗话说的好,"万物生长靠太阳"。是的,一切生物的生存全靠太阳。农作物没有阳光就无法进行光合作用,不能为人类提供粮食和蔬菜。动物没有了食物,也无法为我们提供蛋、肉。

可以说,没有太阳,我们人类就无法生存。而太阳能热水器、太阳能电池等的发展为我们人类的生活提供了更大的便利。随着太阳能汽车、太阳能房的发展,人类将进入无污染、绿色环保的新时代。

什么样的能源算是新能源?

悠悠:我知道工厂里烧的煤炭,汽车的燃料,家里做饭用的天然气都是不可再生能源。而现在提倡用新能源,那么什么样的能源才算是新能源?

问号博士:已经广泛利用的煤炭、石油、天然气、水能、核电等能源,称为常规能源。新能源一般是指在新技术基础上加以开发利用的可再生能源。包括太阳能、水能、风能、地热能、生物能、波浪能、洋流能和潮汐能,以及海洋表面与深层之间的热循环等;此外,还有氢能、沼气、酒精、甲醇等。随着常规能源的有限性以及环境问题的日益突出性,以环保和可再生为特点的新能源越来越得到各国的重视。水能、风能、生物能、太阳能、地热能等,资源丰富、对环境无任何污染、又可循环利用。所以新能源也被称作"清洁能源"、"绿色能源"。

小 知 识

在全国可开发水能资源中,东部的华东、东北、华北三大区仅占6.8%。

35

问号博士

太阳为什么会被称为"能源之母"?

悠悠：爸爸说，万物生长靠太阳，所以太阳也被称为"能源之母"。博士您能详细给我讲讲吗？

问号博士：可以。"万物生长靠太阳"，的确如此。地球上的森林、植被利用水和二氧化碳以及阳光进行光合作用，把太阳能转化为有机物贮藏在植物体内。这些通过光合作用创造的有机物，有的供动物以及人类食用，维持了动物和人类的生命延续，有的在局部地壳运动，如地震灾变中被埋藏于地下，从而形成了煤或石油。煤或石油蕴含的能量也来自于太阳，是太阳能的另一种载体形式。人类也已经能通过光电半导体将太阳能直接转换为电能。由于存在昼夜，地球向阳与背阳面接受的太阳辐射不同，因而太阳能还造成大气运动，产生风能。

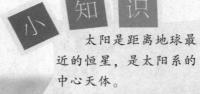

小 知 识

太阳是距离地球最近的恒星，是太阳系的中心天体。

"太阳能时代"是否来临？

悠悠：太阳能是地球上许多能量的来源，如风能，化学能，水的势能等等。既然太阳能的作用如此大，那么"太阳能时代"什么时候会来临？

问号博士：据有关专家推断，我国目前地下已探明的石油只够使用几十年。而我国目前已成为石油进口大国，能源紧缺问题日益严重，逐渐开始危及未来国家安全，能源问题到了非解决不可的地步。在可再生能源的有效利用中，不管是从资源的数量、分布的普遍性，还是从清洁性、技术的可靠性来看，太阳能都比其它可再生能源更具优越性。它是取之不尽、用之不竭、无污染、廉价、人类能够自由利用的能源。

据测算，太阳每秒钟照射到地球上的能量相当于500万吨煤产生的能量，40分钟内投射到地球表面的能量相当于全世界每年消耗能量的总和，我国接收的太阳辐射能相当于上万个三峡工程的发电量，而使用1平方米太阳能热水器，大约相当于每年节约180公斤标准煤，每年使用太阳能电池10兆瓦，大约相当于每年减排二氧化碳1万吨，还可有效减少因煤炭、秸秆、柴草燃烧造成的灰尘。

小知识

1975年，在河南安阳召开"全国第一次太阳能利用工作经验交流大会"。

为什么说太阳能发**电**是最理想的发电方式?

悠悠:上个问题说到,太阳能是最理想的能源。那么太阳能发电也会是最理想的发电方式吗?它有什么特点呢?

问号博士:是的。照射在地球上的太阳能非常巨大,大约40分钟照射在地球上的太阳能,便足以供全球人类一年能量的消耗。可以说,太阳能是真正取之不尽、用之不竭的能源,而且太阳能发电绝对干净,不产生公害。所以太阳能发电被誉为是最理想的发电方式。

太阳能发电具有以下特点:无枯竭危险、无公害、不受资源地域分布的限制、可在用电处就近发电、能源质量高、使用者从情感上容易接受、获取能源花费的时间短。

作为新能源,太阳能具有这些极大的优点,因此受到世界各国的重视。

小 知 识

太阳寿命约50亿年左右;太阳表面的温度大约为6000开。

太阳能发电比用煤炭、石油等发电的**优势**在哪？

悠悠：煤、石油都属于不可再生能源，用完了就再也没有了。那么，太阳能发电比用煤、石油发电有什么优势呢？

问号博士：普遍性。太阳光普照大地，没有地域的限制，无论陆地或海洋，还是高山或岛屿，处处皆有，可直接开发和利用，无须开采和运输。

无害性。开发利用太阳能不会污染环境，它是最清洁的能源之一。在环境污染越来越严重的今天，这一点是极其宝贵的。

巨大性。每年到达地球表面上的太阳辐射能约相当于燃烧130万亿吨煤产生的能量，属于现今世界上可以开发的最大能源。

长久性。根据目前太阳产生的核能速率估算，氢的储量足够维持上百亿年，而地球的寿命也约为几十亿年，从这个意义上讲，可以说太阳的能量是用之不竭的。

小 知 识

1615年法国工程师考克斯发明了世界上第一台用太阳能驱动的发动机。

太阳能的利用有**缺点**吗？

悠悠：通过博士的讲解，我知道了太阳能的优点。任何事物都会有利弊。那太阳能有缺点吗？缺点是什么呢？

问号博士：有缺点。阳光的分散性。到达地球表面的太阳辐射的总量尽管很大，但是能流密度很低。在利用太阳能时，想要得到一定的转换功率，往往需要面积相当大的一套收集和转换设备，造价较高。

阳光的不稳定性。由于受到昼夜、季节、地理纬度和海拔高度等自然条件的限制以及晴、阴、云、雨等随机因素的影响，因此，到达某一地面的太阳辐射度既是间断的，又是极不稳定的，这给太阳能的大规模应用增加了难度。

效率低和成本高。目前太阳能利用的发展水平，在有些方面理论上是可行的，技术上也是成熟的，但有的太阳能利用装置，因为效率偏低，成本较高，总的来说，经济性还不能与常规能源相竞争。在今后相当长的一段时期内，太阳能利用的进一步发展，主要受到经济性的制约。

小 知 识

晴朗天气的太阳辐射能如果能贮存起来，就可以供夜间或阴雨天使用了。

中国的"光明工程"指的是什么?

悠悠:常听爷爷和邻居讨论"光明工程"的事情,那么"光明工程"到底是怎么回事呢?

问号博士:1996年9月在津巴布韦召开的"世界太阳能高峰会议"上提出了关于在全球无电地区推行光明工程的倡议,我国政府也做出了积极响应。

1997年5月7日,国家确定的"中国光明工程"已进入实施阶段,5年内将有800万无电贫困人口成为这一工程的首批受惠者。光明是贫困地区实现温饱目标的重要标志。通电是现代文明社会的基础之一。不通电严重影响了人民生活水平的提高,阻碍了经济的发展,成为这些地区贫穷和落后的一大根源。开发利用当地太阳能、风能等新能源发电,给这些无电的贫困地区送去了光明和温暖,走出了一条开发当地资源从而致富的道路。

小知识

西藏太阳能资源居中国首位,也是世界上太阳能资源最丰富的地区之一。全年平均日照时数在3000小时左右。

问号博士

日本的"阳光计划"指的是什么？

悠悠：爷爷说中国有"光明工程"，日本有"阳光计划"。那日本的"阳光计划"具体指的是什么呢？

问号博士：它是指日本政府为发展新能源和可再生能源而制订的国家计划。日本政府于1974年7月公布了"阳光计划"，旨在不断扩大开发利用各种新能源，寻找可以代替石油的燃料，并缓解化石能源对于环境的污染。该计划目标长远，规模较大，主要包括对太阳能、地热能、氢能的利用，以及煤的气化和液化。技术开发重点是针对上述能源的采集、输送、利用和储存。与此同时，也包括对风能、海洋能和生物质能的转换和利用。

1993年日本又开始实施新的阳光计划，着重解决清洁能源问题，并加速对光电池、燃料电池、深层地热、超导发电和氢能等的开发利用。到2020年研究开发经费将达15500亿日元。目标是减少日本现有能耗的1/3，降低二氧化碳排放量的一半，推进氢能的利用。

小 知 识

日本太阳能的热利用和光电转换技术居世界前列。

太阳能的**利用**前景是怎么样的?

悠悠:没想到日本的太阳能利用率居于世界前列。那咱国家太阳能利用前景是怎么样的?

问号博士:我国幅员辽阔,具有丰富的太阳能资源和良好的开发利用基础。全国太阳能年辐射总量在 $3.8\sim8.4\times102$ 千焦/平方米之间,约占全国 2/3 以上的地区年日照时数大于 2000 小时。

太阳能按应用可分为太阳热能与太阳光电能两种。太阳热能应用如:发电、热水、空调、温室等。太阳光电能应用如:发电、电池、电动汽车等。

经过多年的努力,我国太阳热能利用已取得很大的进步。太阳能热水器已普遍应用于家庭、公寓、旅馆、商场、农林养殖等领域。随着产品的逐步改进,大众文明意识的提高,拥有近 10 亿人口的农村潜在市场的开发,使太阳能热水器应用将会出现一个大幅度增长。不久的将来就会形成一个与空调、冰箱、彩电等家电产品一样的规模市场。已经有许多地方政府公开号召新建住宅小区要优先考虑安装太阳能热水器装置。

小 知 识

太阳能热水器是目前唯一商品化的太阳能技术应用产品。

43

太阳能电池的原理是什么？

悠悠：爸爸和妈妈前天讨论在家用太阳能电池板发电合不合算。那太阳能电池的原理是什么？

问号博士：太阳电池是一种对光有反应并能将光能转换成电力的器件。能产生光伏效应的材料有许多种，如单晶硅、多晶硅、非晶硅、硒铟铜等。

它们的发电原理基本相同，以晶体硅为例描述光发电过程：P 型晶体硅经过掺杂磷可得 N 型硅，形成 P-N 结。

当光线照射太阳电池表面时，一部分光子被硅材料吸收，光子的能量传递给了硅原子，使电子发生了跃迁，成为自由电子。在 P-N 结两侧集聚形成了电位差，当外部接通电路时，在该电压的作用下，将会有电流流过外部电路产生一定的输出功率。这个过程的实质是光子能量转换成电能。

小 知 识

从上个世纪 60 年代开始，美国发射的人造卫星就已经利用太阳能电池作为能量的来源。

44

什么是太阳池电站？

悠悠：太阳能的作用很大，我已经知道了太阳能电池，可是不知道太阳池电站是什么，它的作用是什么？

问号博士：含盐分的湖水，越靠近湖底盐分浓度越大。当太阳光照射湖底时，立刻就能转换成热能。但湖底的盐水浓度明显比湖面的浓度高，在这种情况下，湖底的热水就难以上升，无法形成热升冷降。于是湖底的水温越来越高，便形成了天然的蓄热池，人们称为太阳池。

上个世纪60年代初，以色列科学家在死海边建立了第一个太阳池电站。自此之后世界各国陆续建立了不少太阳池电站用来发电，它可以为偏僻地区供电，并进行海水淡化、温室供暖等。

小 知 识

1981年以色列政府投资兴建一座5000千瓦的太阳池电站，引起了世界的关注。

45

人们佩戴**太阳镜**是为了美观吗？

悠悠：在大街上经常见到很多人带太阳镜，看起来很帅。那戴太阳镜是为了美观吗？

问号小博士：太阳镜也叫"遮阳镜"。它是一种为防止太阳光强烈刺激对人眼造成伤害的视力保健用品。随着人们物质文化水平的提高，太阳镜又可以作为美容或体现个人风格的特殊饰品。

由于到达地球表面的太阳光线中含有紫外线，人眼的角膜和晶体是最容易受到紫外线损害的眼部组织，而白内障是与之密切相关的眼部疾病。由于对臭氧层的破坏，以及人们夏季户外活动的增加，紫外线对人眼的伤害已不容忽视。配戴太阳镜是保护眼球免遭紫外线损伤的较好方式，但要特别注意太阳镜的选择。

小 知 识

国际标准把太阳镜细分为"时装镜"和"一般用途用镜"。

你知道太阳能**热水器**的组成部分吗？

　　悠悠：我们小区都装了太阳能热水器，用着方便环保。那太阳能热水器是由几部分组成的呢？

　　问号博士：由集热器、保温水箱、连接管道三部分组成。

　　集热器是系统中的集热元件。其功能相当于电热水器中的电热管。太阳能集热器利用的是太阳的辐射热量，故而加热时间只能在有太阳照射的白昼。保温水箱和电热水器的保温水箱一样，是储存热水的容器。

　　因为太阳能热水器只能在白天工作，而人们一般到晚上才使用热水，所以必须通过保温水箱把集热器在白天产出的热水储存起来。连接管道是将热水从集热器输送到保温水箱中，再将冷水从保温水箱输送到集热器的管道，使整套系统形成一个闭合的环路。

小　知　识

　　太阳能热水器是与燃气热水器、电热水器相并列的三大热水器之一。

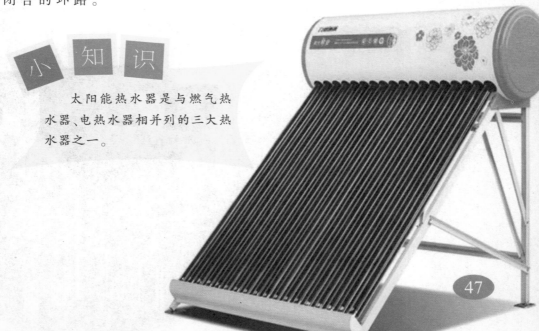

问号博士

太阳能热水器里的**水**可以饮用吗？

悠悠：洗澡的时候发现太阳能热水器的水很清，看着和饮用水一样。这些水也可以喝吗？

问号博士：除非是专门设计的可饮用太阳能热水器，否则绝对不要饮用里面的水。为什么不能饮用呢？那是因为普通太阳能里的水经过反复加热容易产生有害物质硝酸盐和亚硝酸盐等。而且太阳能里面的水不能完全用光，否则容易滋生致病细菌。

如果想饮用热水器里的水，就装二次换热系统的太阳能热水器，不过这种造价就稍微高一些，我们国家还没有完全普及。相信在不久的将来，家家户户都能安装这种二次换热系统的太阳能热水器。

小 知 识

亚硝酸盐使人缺氧中毒，轻者头昏、心悸、呕吐、口唇青紫，重者神志不清、抽搐、呼吸急促，抢救不及时可危及生命。

果农能用太阳能**干燥**水果吗?

悠悠：今天和妈妈上街买水果时，卖水果的阿姨说她们家的荔枝是太阳能干燥的。果农为什么能用太阳能干燥水果呢？

问号博士：荔枝非常的鲜美，宋朝诗人苏东坡曾用"日啖荔枝三百颗，不辞长作岭南人"的诗句来赞美它。但是，荔枝的存放非常的困难，如果处理不及时很快就会霉烂，非常的可惜。果农把荔枝摘下来放在阳光下晒。但是自然干燥需要很长的时间，而且质量也很难保证。于是1981年广东省东莞市果菜加工厂建造了一座太阳能干燥装置，用来干燥荔枝和其它水果。利用这套装置只需6至8个晴天，就可将荔枝烘干(自然烘干要22天左右)，并且质量可达到特级标准。

小 知 识

山西省稷山县,利用太阳能干燥红枣,干燥速度提高3倍以上,干燥时的烂枣率显著下降,由60%~20%下降到2%~3%。

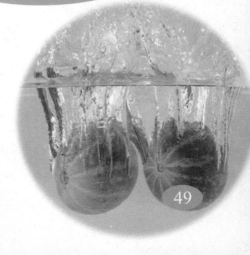

太阳能干燥有什么**特点**?

悠悠:太阳能干燥水果给咱们带来了很多的福利,吃上了优质水果。那太阳能干燥的特点是什么?

问号博士:充分利用太阳辐射能,节省大量的常规能源。太阳能干燥设备自动控制调温调湿、投资少、收效大,普遍受到欢迎。

缩短干燥时间和提高产品质量。太阳能干燥有效地提高干燥的温度,缩短了干燥时间,解决了干燥物品被污染等问题,使产品的质量等级有所提高。

太阳能干燥装置有专门的干燥室,可避免灰尘和污染,具有杀虫灭菌作用。

太阳能干燥减少了环境污染,节约能源。常规的干燥装置干燥1吨农副产品需要1吨以上的原煤,烟叶则需要2.5吨的原煤。

小 知 识

太阳能干燥在生活总的应用很广泛,生产"唐三彩"泥胎也是用太阳能干燥系统干燥的。

你知道太阳能**空调**的原理吗？

悠悠：太阳能空调比那种氟利昂空调环保，节约能源。那它的工作原理是什么？

问号博士：太阳能空调系统分为制热和制冷两个方面。制热原理：冬季需制热时，超导太阳能集热器吸收太阳辐射能，经超导液传递到复合超导能量储存转换器中。当储热系统温度达到40℃时，中央控温系统发出取暖指令，让室内冷暖分散系统处于制热状态，从出风口排出热风。

太阳能制冷，就是利用太阳集热器为吸收式制冷机提供其发生器所需要的热煤水。热煤水的温度越高，则制冷机的性能系数越高，这样空调系统的制冷效率也越高。

小 知 识

太阳能空调的季节适应性好，系统制冷能力随着太阳辐射能的增加而提高，正好达到夏季人们对空调的迫切需求。

太阳房 何时能普及到生活？

悠悠：爸爸说，太阳房取暖效果好，也不消耗常规能源。那什么是"太阳房"呢？太阳房什么时候能普及到咱们的生活中呢？

问号小博士："太阳房"一词起源于美国。用玻璃建造的房子内阳光充足，温暖如春，便称为"太阳房"。

太阳房是直接利用太阳辐射能，把房屋当做集热器，通过建筑设计把高效隔热材料、透光材料、储能材料等有机地集成在一起，达到房屋取暖目的。在太阳房技术和应用方面欧洲处于领先地位，特别是在玻璃涂层、窗技术、透明隔热材料等方面。

日本已利用这种技术建成了上万套太阳房。节能幼儿园、节能办公室、节能医院也在大力推广。

中国也正在推广综合利用太阳能，使建筑物成为完全不依赖常规能源的节能环保性住宅。相信在不久的将来，太阳房也能普及到咱们的生活中。

小 知 识

中国大兴县建造的一座主动式太阳房是与德国合作的成果，建筑面积达314平方米。

太阳能温室可以种菜吗?

悠悠:我知道温室大棚可以种植反季节水果和蔬菜,使我们在冬天的时候也可以吃到提子等水果。那能利用太阳能温室吗?

问号小博士:能。白天的时候进入温室的阳光辐射热量超过温室向室外散失的热量,所以温室处于升温状态,有时因温度太高,还要人为地放走一部分热量,以适应植物生长的需要。如果室内安装储热装置,这部分多余的热量就可以储存起来了。太阳能温室在夜间,没有太阳辐射时,温室仍然会向外界散发热量,这时温室处于降温状态,为了减少散热,所以夜间要在温室外部加盖保温层。若温室内有储热装置,晚间可以将白天储存的热量释放出来,以确保温室夜间的温度。

太阳能温室已成为中国农、牧、渔业现代化发展中不可缺少的技术装备,为北方地区冬季生活带了舒适和温暖。

小知识

德州华园新能源公司设计承建的东北地区三位一体太阳能温室,包括了太阳能温室种植、沼气升温、居住取暖等功能。

53

问号博士

我们吃的盐是太阳晒出来的吗？

悠悠：中午看电视时，发现电视剧里的古人在海边晒盐。那我们现在吃的盐也是太阳晒出来的吗？

问号博士：我国自古以来，吃的盐都是以海水为原料，利用海滩晒盐。但是海滩晒盐这种方式不但占地面积大，而且产量也不高，效益低。近几十年来，海岸滩养殖日益鼎盛，海盐生产受到挑战。因此，盐业大发展的道路转向优越性显著的"井滩晒盐"。而地下卤水的科学研究则进一步促进了盐业生产的发展。于是在不久之后，地下卤水是聚集于地面以下的盐类含量大于5％的液态矿产，它就是说地下卤水中盐的含量非常之高，且提取海盐时较海滩晒盐又有明显的优势——占地面积分，产量高，效益高。中国科学院海洋研究所研究员韩有松创立了国内外第一个地下卤水课题组，开始生产与开发相结合，开展地下卤水地质学基础研究。

小知识

1979年，山东省首先立项，进行莱州湾沿岸地下卤水综合利用研究。

太阳能海水淡化有什么特点?

　　悠悠：爷爷说海水咸涩不能饮用，可以用太阳能将海水淡化，弥补淡水资源的短缺。那太阳能海水淡化有什么特点呢？

　　问号博士：可独立运行，不消耗石油、天然气、煤炭等矿石燃料，无污染、低能耗、环保。投资相对较少，产水成本低，具备淡水供应市场的竞争力。目前对盘式太阳能蒸馏器的研究主要集中于材料的选取，各种热能的改善，以及将它与各类太阳能集热器配合使用等方面。太阳能海水淡化技术是将太阳能采集与脱盐工艺两个系统相结合的一种可持续发展的海水淡化技术。太阳能海水淡化技术由于具有上述优点，而受到人们的重视。

小 知 识

　　世界上第一个大型的太阳能海水淡化装置，是于1874年在智利北部建造的。

55

问号博士

太阳能可以像天然气一样用管道输送吗?

悠悠：天然气可以用管道输送，那太阳能可以像天然气一样用管道输送吗？

问号博士：可以。地球上的各种资源分布都是不平衡的。一望无际的沙漠，日照时间最长，太阳能最丰富，而对能量需求最大的地区则是人口密集的城市和工业发达区。

怎么才能把沙漠戈壁的太阳能源输送到城市和工业区呢？后来，人们开发了一种叫化学热管道系统的装置，把输送太阳能变成了现实。这种传输太阳能的装置分为三步进行：首先是收集太阳能，太阳能被吸收在一个设计独特的化学反应器中，在反应器中太阳能将甲烷或其他碳氢化合物加热到高温，使它们转化为一种合成气体，在这种合成气体中蕴藏着很高的由太阳能转化而成的化学能。其次，将这种高热能的合成气体冷却并储存起来，再通过管道输送到需要能源的遥远的工业中心或城市。最后，再用一种特殊的转化装置将合成气体还原为甲烷或其他碳氢化合物，同时将能量释放出来。

小 知 识

天然气蕴藏在地下多空隙岩层中，主要成分为甲烷，比空气轻。

我们美丽的梦—太空太阳能电站会实现吗?

悠悠:今天在楼下玩的时候,听见楼下的哥哥们在讨论太空太阳能电站建立的可能性。博士,太空太阳能电站会建成吗?

问号博士:日本政府和企业机构首先提出来太空太阳能电站计划。计划在距地面约3.6万公里的高空中建造一个太空太阳能电站。这个电站的发电量可以达到10亿瓦,足够大约30万个家庭的用电。

太空中的阳光强度要比地面大5~10倍。太空太阳能发电技术可提供恒定而没有污染的能量,这与地面上断断续续、受云层遮盖影响较大的太阳能利用方式有很大区别,而且不会像燃料电厂那样排放污染物,也不会像核电站那样产生放射性废料。太空太阳能发电技术之所以能成为一项革命性技术,就在于这种技术所改变的将是能源的整体格局。相信在不久的将来,太空太阳能电站就会建成。

小 知 识

日本在地球静止轨道建设太阳能电站的项目已在筹划阶段,估计投资将达到2万亿日元(约合210亿美元)。

第三章 "无形煤炭"——风能

　　我们小时候都玩过这样的玩具——风车。每当风吹时，它就会转动。风是怎么形成的呢？风是由大气的对流运动形成。古人很聪明，利用风力提水、灌溉、磨面、舂米等。而现在的我们，发明了风力发电机。它可以使风能转化为电能，而电能可运用于照明、工厂生产等。风能作为一种无污染的能源，被我们广泛应用。

什么是**风能**?

悠悠：前面说风能是新能源，环保无污染。那什么是风能呢？

问号博士：因为地面受太阳照射后气温的变化和空气中水蒸气的含量不同，所以引起各地气压的差异，在水平方向高压空气向低压地区流动，就形成了风。风能是空气流做功产生的能量，空气流速越快，动能越大。

自从1973年世界石油危机以来，在矿石资源缺乏和全球生态环境恶化的双重压力下，风能作为新能源的一部分才被重视。

风能作为一种清洁环保和可再生的新能源有着巨大的发展潜力，特别是对沿海岛屿、山区、农村、草原、边疆等，有着十分重要的意义。

小 知 识

美国的德克萨斯州和南达科他州两州的风能密度足以供应全美国的用电量。

我国风能**资源**丰富吗？

悠悠：风力发电已在我国广泛应用，为我国资源短缺的现象贡献了力量。风能对人类如此重要，它的储量丰富吗？

问号博士：地球吸收的太阳能有 1%～3% 转化为风能，总量相当于地球上所有植物通过光合作用吸收太阳能转化为化学能的 50～100 倍。而在高空中发现的强风，这些风的能量最后因和地表及大气间的摩擦力而以各种热能方式释放。全世界的风能总量约 1300 亿千瓦，中国的风能总量约 16 亿千瓦。

2003 年美国的风力发电增长就超过了所有发电机的平均增长率。自 2004 年起，风力发电更成为所有新式能源中最便宜的了。在 2005 年风力能源的成本已降到 1990 年时的五分之一，而且随着大瓦数发电机的使用，下降趋势还会持续。

小 知 识

台湾的苗栗县后龙镇好望角位处滨海山丘制高点。近几年外商在邻近区域，设置了 21 座高 100 米的风力发电机，形成美不胜收的景致。

为什么风能被称为 "无形煤炭"?

悠悠：我听爸爸说，风能被称为"无形煤炭"。我不明白，博士您能告诉我吗？

问号博士：风力在一年内为我们提供能源，相当于全世界每年燃烧煤炭发出的能量。而全世界的风能约1300亿千瓦。风能可以再生、无污染、清洁、绿色、环保，而且储量大，因此有人把风能称为"无形煤炭"。

风能的利用方式大体上可以分为两种：一种是将风能直接转变为机械能加以利用，比如帆船就是利用风能推动船体航行；另一种是先将风能转变为机械能，然后带动发电机发出电能并加以使用，即风力发电。

目前，风力发电已经被普遍运用到了我们日常的生产生活之中。

小 知 识

中国风能协会1981年成立，2002年以中国风能协会的名义加入世界风能协会。

61

风力发电的原理是什么?

悠悠:我知道风能可以发电,但风能发电的原理是什么呢?

问号博士:把风的动能转变成机械动能,再把机械能转化为电力动能,这就是风力发电。风力发电的原理,是利用风力带动风车叶片旋转,再透过增速机将旋转的速度提升,来促使发电机发电。依据目前的风车技术,大约是每秒3米的微风速度(微风的程度),便可以开始发电。风力发电正在世界上形成一股热潮,因为风力发电既不需要使用燃料,也不会产生辐射和空气污染。风力发电在芬兰、丹麦等国家很流行,中国西部地区也在大力提倡。

小 知 识

风速至少大于每秒3米才适宜于发电。风力愈大,经济效益也愈大。

风力发电的**优点**和**缺点**是什么?

悠悠:凡事皆有利弊,太阳能发电也是有利有弊。那风力发电的优点和缺点是什么呢?

问号博士:**优点**:风能是可再生循环利用的无污染能源。风能设施日趋进步,生产成本降低,在适当地点,风力发电成本已低于火力发电。风能设施多为立体化设施,可保护陆地和生态。

缺点:风力发电在生态上的问题是可能干扰鸟类。目前的解决方案是离岸发电,离岸发电价格较高但效率也高。许多地区的风力有间隙性,影响供电。风力发电场进行发电时,风力发电机会发出很大的噪音,所以要找一些空旷的地方来兴建。现在的风力发电还未成熟,还有相当大的发展空间。

小知识

上个世纪90年代,我国的独立电源系统主要采用水平轴风力发电机和太阳能光伏系统来供应电力,这些是面向部队的一套后勤保障系统。

风力发电厂为什么有很多**风车**？

悠悠：老师带我们去风力发电厂参观的时候，我们看到了许多大风车。为什么会有那么多的风车呢？

问号博士：古代的风车，是从船帆发展来的。风车有 4 片叶子固定在一根杆上，风吹时叶片绕轴转动而产生风能。而风力发电厂里的风车叫风力发电机。

风力发电机的工作原理就是通过叶轮将风能转变为机械转距（风轮转动惯量），通过主轴转动链，经过齿轮箱增速到异步发电机的转速后，并将电能并入电网。

小 知 识

因为每座风力发电机皆可独立运转，所以每座风力发电机均可视为单独的风力发电厂，是属于一种分布式发电系统。

荷兰的风车是**观赏**用的吗？

　　悠悠：看电视时发现荷兰这个国家有很多漂亮的风车。那么，荷兰的风车是观赏用的吗？

　　问号博士：不全是。荷兰的风车最早是从德国传过来的。最早开始时用于磨面磨粉。到了十六、七世纪，荷兰在世界的商业中占首要地位，各种原料从各路水道运往风车加工区进行加工。20世纪以来，由于蒸汽机、内燃机、涡轮机的发展，依靠风力的古老风车曾一度变得暗淡无光，几乎被人遗忘了。但是，因为风车利用的是自然风力，没有污染，不会耗尽，所以它不仅被荷兰人民一直沿用至今，而且也成为了今日新能源的一种，深深地吸引着人们。

　　目前，荷兰大约有两千多架各式各样的风车。风车的建筑物，也总是打扮得很漂亮。每逢盛大节日，风车上带有花环，悬挂着国旗和硬纸板做的太阳和星星。

小　知　识

　　荷兰被称为"风车之国"，以海堤、风车和宽容社会风气闻名。首都是阿姆斯特丹。

你知道风能太阳能路**灯**吗？

　　悠悠：我听说过太阳能路灯，却从没听说过风能太阳能路灯。博士你知道吗？

　　问号博士：知道。风能太阳能路灯其实就是风光互补。晴天的时候光照强，太阳能充分，阴雨天气时风力大，风能强；夏天太阳辐射强，冬天风力大。利用它们的互补性，通过路灯的太阳能和风能发电设备集成系统供电，白天储存电能，晚上通过智能控制实现路灯照明。风光互补路灯充分利用绿色清洁能源，实现零污染，广泛应用于道路、景观、小区照明及监控、通讯基站、船舶等领域。风光互补路灯具有不需铺设输电线路、不需开挖路面埋管、不消耗电能等特点，在城市道路建设、园林绿化等照明领域十分突出。

小 知 识

　　风光互补灯造形优美，沿公路排列，将成为一道美丽的风景线。

66

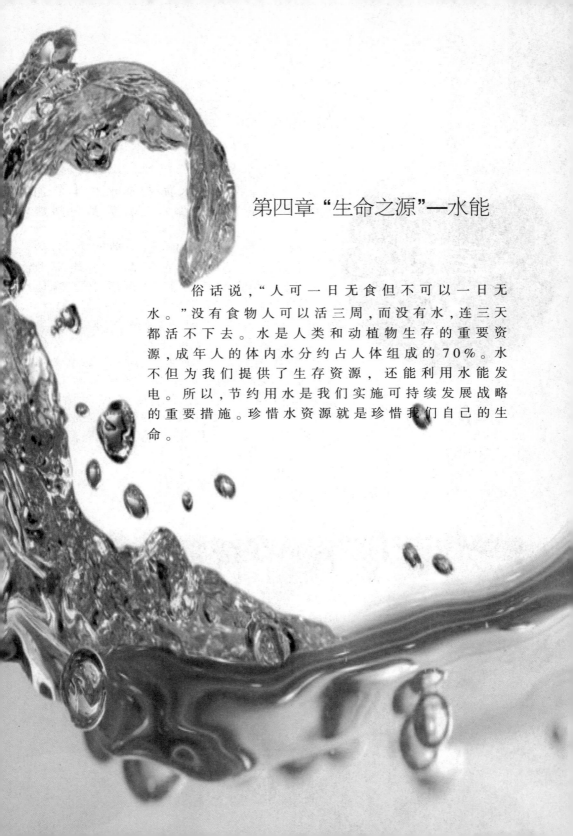

第四章 "生命之源"—水能

俗话说,"人可一日无食但不可以一日无水。"没有食物人可以活三周,而没有水,连三天都活不下去。水是人类和动植物生存的重要资源,成年人的体内水分约占人体组成的70%。水不但为我们提供了生存资源,还能利用水能发电。所以,节约用水是我们实施可持续发展战略的重要措施。珍惜水资源就是珍惜我们自己的生命。

水能源都包括哪些?

悠悠：我知道水能就是水产生的能量，属于新能源。那水能资源都包括哪些呢？

问号博士：水能是一种可再生能源，是清洁能源、绿色能源。水能资源是指水体的动能、势能和压力能等能量资源。

以水力发电的工厂称为水力发电厂，简称水电厂，又称水电站。广义的水能资源包括河流水能、潮汐能、波浪能、海流能等能量资源；狭义的水能资源指河流的水能资源，是常规能源，一次能源。人们目前最易开发和利用的比较成熟的水能也是河流能源。随着矿物燃料的日渐减少，水能是非常重要且前景广阔的替代资源。

水不仅可以直接被人类利用，还是能量的载体。太阳能驱动地球上水循环，使之持续进行。

小 知 识

长江可供开发的水能总量达 2 亿千瓦，是中国水能最富集的河流。

中国水能的现状是什么？

悠悠：水能是利用水的运动或水的位势而具有的能量，我国现阶段水能的现状是什么？

问号博士：1.资源丰富，但分布不均。中国水能资源西多东少，大多集中于西部和中部。

2.大型电站比重大，且分布集中。

3.资源的开发和研究程度较低。目前已开发资源约为 15% 左右。

4.中国气候受季风影响，降水和径流在年内分配不均，夏秋季 4~5 个月。

5.中国地少人多，建水库往往受淹没损失的限制。在深山峡谷河流中建水库，可减少淹没损失，但需建高坝，工程较艰巨。

6.中国大部分河流，特别是中下游，往往有防洪、灌溉、航运、供水、水产、旅游等综合利用的要求。

小 知 识

龙滩水电站大坝形成了世界上最大的人工瀑布。

问号博士

我国水能资源的**特点**是什么？

悠悠：我国水能资源丰富，可供开发利用前景广大。它有什么特点呢？

问号博士：1.水力资源总量较多，但开发利用率低。我国水能占世界总量16.7%，居世界之首。但是目前我国水能开发利用量约占可开发量的1/4，低于发达国家60%的平均水平。

2.水力资源分布不均，与经济发展不匹配。我国水力资源西部多，东部少，相对集中在西南地区，而经济发达、能源需求量大的东部地区水力资源极少。

3.大多数河流年内年际流分布不均，汛期和枯水期差距大。

4.水力资源主要集中于大江大河，有利于集中开发和往外输送。

小 知 识

我国水能资源理论蕴藏量近7亿千瓦，占常规能源资源量的40%。

水能可以发电吗？为什么？

悠悠：太阳能可以发电，风能也可以发电，那水能可以发电吗？如果能，它为什么能发电呢？

问号博士：水能可以发电。水的落差在重力作用下形成动能，从河流或水库等高位水源处向低位处引水，利用水的压力或者流速冲击水轮机，使之旋转，从而将水能转化为机械能，然后再由水轮机带动发电机旋转，切割磁力线产生交流电。而低位水通过水循环的阳光吸收且分布在地球各处，从而回复高位水源的水分布。

水不仅可以直接被人类利用，它还是能量的载体。太阳能驱动地球上水循环，使之持续进行。地表水的流动是重要的一环，在落差大、流量大的地区，水能资源丰富。

小知识

三峡水电站不但是我国最大的水电站，同时也是世界上最大的水电站。

71

水能发电的**优点**是什么？

悠悠：水能发电是将水能转化成电能的过程，它存在哪些优点？

问号博士：1.水能是可以再生的能源，能年复一年地循环使用。2.水能用的是不花钱的燃料，发电成本低，积累多，投资回收快，大中型水电站一般 3～5 年就可收回全部投资。3.水能没有污染，是一种干净的能源。4.水电站一般都有防洪灌溉、航运、养殖、美化环境、旅游等综合经济效益。5.水电投资跟火电投资不一样，施工工期并不长，属于短期近利工程。6.操作、管理人员少，一般不到火电的三分之一人员就足够了。7.运营成本低，效率高。8.可按需供电。9.控制洪水泛滥。10.提供灌溉用水。11.改善河流航运。12.同时改善该地区的交通、电力供应和经济。

小 知 识

18 世纪 30 年代开始有新型水力站。从水力站发展到水电站，是在 19 世纪末远距离输电技术发明后才蓬勃兴起的。

水能发电的**缺点**是什么？

悠悠：太阳能和风能发电都有缺点，那水能发电的缺点是什么？

问号博士：水能分布受水文、气候、地貌等自然条件的限制大。水容易受到污染，也容易被地形、气候等多方面的因素所影响。

1. 生态破坏：大坝以下水流侵蚀加剧，河流的变化对动植物的影响等。不过，这些负面影响是可预见且可减小的，如水库效应。

2. 需筑坝移民等，基础建设投资大，搬迁任务重。

3. 降水季节变化大的地区，导致在少雨季节发电量少甚至停发电。

4. 下游肥沃的冲积土减少。

  小知识

1878年法国建成世界第一座水电站。20世纪30年代以来，水电站的数量和装机容量均有很大发展。

问号博士

水力发电站的**水坝**对人类有什么影响？

悠悠：妈妈说，水力发电站的水坝有利有弊。博士能告诉我，水坝对人类不好的影响是什么吗？

问号博士：在河流上建坝会在河流上游形成水库，水库的水会向周边扩散，淹没原有的栖息地。迄今超过400000平方千米的土地由于水坝的建造而被淹没。新产生的水库的表面积大于原先河流的，使得水分更多地蒸发。这可能使河水每年减少2.1米的深度。

水库亦使温室气体排放增加。水库最初的注水淹没原有的植被，使得富含碳的植物和树木死亡或分解。腐烂的组织向大气中排放大量碳。腐烂的植物沉入不含氧的水库底部，由于缺乏流水而减少水的含氧量，最终分解成甲烷。建造水坝对人类另一个不利因素是：如果水坝建造的太靠近他们的家园，那么搬迁就迫在眉睫了。

小知识

水坝建成后造成的人工湖常常是许多疾病的滋生地。例如在热带地区，蚊子（携带疟疾病原体）等携带有害物种可以依靠水流缓慢的优势大肆繁殖。

有用水代替电池的**水能钟**吗?

悠悠:听楼下姐姐说,有用水当电池的钟,这是真的吗?

问号博士:是的,市场上有用水代替电池的水能钟。水能钟是用液态自来水、香水、咖啡、啤酒等制成的水电池来代替化学干电池给时钟的液晶屏供电,解决了现有的化学干电池容易污染环境和危害人体健康的问题,绿色环保无污染。水能钟使用时在时钟背面的瓶子里装满水,就可以清楚的显示时间和日期,几个星期都不必再添水。电力的来源在于其内部的转换器,转换器与水(或者其他的液体)接触后,能够将液体中的离子转换为电子,从而为显示屏提供稳定的电流用来显示时间。

小 知 识

注入水源时,把水能钟平置于桌面,水位不要盖住绿色水动力部分。

第五章 地下珍泉——地热能

你知道温泉是怎么形成的吗？温泉的水为什么是热的？温泉为什么可以治病？让我们带着好奇，步入地热能篇。人类在很早以前就开始利用地热能，进行温泉沐浴、治病、取暖等。现在的温泉除了这些之外，还可以发电、浇灌农作物等。只要提取的速度不超过补充的速度，那么地热能是可以再生的。

什么是地热能？

悠悠：前面说到，地热能属于新能源。那什么才是地热能呢？

问号博士：地热能是由地壳抽取的天然热能，这种能量来自地球内部的熔岩，并以热力形式存在，是引起火山爆发及地震的能量。地球内部的温度高达7000℃，而在80~100公英里的深度处，温度会降至650~1200℃。透过地下水的流动和熔岩涌至离地面1~5公里的地壳，热力得以被转送至接近地面的地方。高温的熔岩将附近的地下水加热，这些加热了的水最终会渗出地面。运用地热能最简单也最合乎成本效益的方法，就是直接取用这些热源，并抽取其能量。

小 知 识

人类真正认识地热资源并进行较大规模的开发利用始于20世纪中叶。

问号博士

地热资源按照温度来划分可以分为几类？

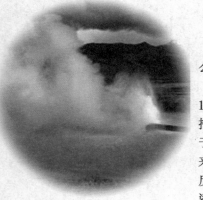

悠悠：我知道水也分凉水和热水。那么，地热水按温度划分，可以分为几类？

问号博士：离地球表面5000米深，15℃以上的岩石和液体的总含热量，据推算约为 $14.5×1025$ 焦耳（J），约相当于 4948 万亿吨（t）标准煤的热量。地热来源主要是地球内部放射性同位素热核反应产生的热能。按照其储存形式，地热资源可分为蒸汽型、热水型、地压型、干热岩型和熔岩型五大类。

中国一般把高于150℃的称为高温地热，主要用于发电。低于此温度的叫中低温地热，通常直接用于取暖、工农业加温、水产养殖及医疗和洗浴等。

小知识

1970年后，在广东丰顺、河北怀来、天津和西藏等地曾进行地热发电、建筑物采暖、农业温室采暖、温水育种、灌溉等多方面试验性开发工作，取得了一定成果。

地热资源主要**分布**在哪些地方？

悠悠：全球地热能的储量与资源潜量十分巨大，地热资源主要分布在哪些地方？

问号博士：世界地热资源主要分布于以下五个地热带。环太平洋地热带。世界最大的太平洋板块与美洲、欧亚、印度板块的碰撞边界，即从美国的阿拉斯加、加利福尼亚到墨西哥、智利，从新西兰、印度尼西亚、菲律宾到中国沿海和日本。

地中海、喜马拉雅地热带。亚欧板块与非洲、印度板块的碰撞边界，从意大利直至中国的滇藏。

大西洋中脊地热带。大西洋板块的开裂部位，包括冰岛和亚速尔群岛的一些地热田。

红海、亚丁湾、东非大裂谷地热带。包括肯尼亚、乌干达、扎伊尔、埃塞俄比亚等国的地热田。

其他地热区。除板块边界形成的地热带外，在板块内部远离边界的部位，在一定的地质条件下也有高热流区。这些地区有时也可以蕴藏一些中低温地热，如中亚、东欧地区的一些地热田和中国的胶东、辽东半岛及华北平原的地热田。

小 知 识

中国西藏的羊八井及云南的腾冲地热田属于地中海、喜马拉雅地热带。

地热能是怎么发**电**的?

悠悠:太阳能可以发电,风能也可以发电。那地热能也可以发电吗?它是怎么发电的?

问号博士:地热发电是地热利用的最重要方式,高温地热流体首先应用于发电。地热发电和火力发电的原理是一样的,都是利用蒸汽的热能在汽轮机中转变为机械能,然后带动发电机发电。

所不同的是,地热发电不像火力发电那样要装备庞大的锅炉,也不需要消耗燃料,它所用的能源就是地热能。地热发电的过程:就是把地热能首先转变为机械能,然后再把机械能转变为电能。要利用地热能,首先需要有"载热体"把地下的热能带到地面上来。

目前能够被地热电站利用的载热体,主要是地下的天然蒸汽和热水。

小 知 识

岩浆火山的地热活动的典型寿命从最低5000年到100万年以上。这么长的寿命使地热源成为一种可再生能源。

地热能发电分为几种？

悠悠：地热资源是世界上最古老的能源之一。地热能应用广泛，地热能的种类有哪些？

问号博士：按照载热体类型、温度、压力和其它特性的不同，可把地热发电的方式划分为蒸汽型地热发电和热水型地热发电两大类。

1. 蒸汽型地热发电。蒸汽型地热发电是把蒸汽田中的干蒸汽直接引入汽轮发电机组发电，但在引入发电机组前应把蒸汽中所含的岩屑和水滴分离出去。这种发电方式最为简单，但干蒸汽地热资源十分有限，且多存于较深的地层，开采技术难度大，故发展受到限制。

2. 热水型地热发电。热水型地热发电是地热发电的主要方式。目前热水型地热电站有两种循环系统：a.闪蒸系统。闪蒸系统地热能是指当高压热水从热水井中抽至地面时，由于压力降低，部分热水会沸腾并"闪蒸"成蒸汽，蒸汽送至汽轮机中做功。b.双循环系统。这种系统特别适合于含盐量大、腐蚀性强和不凝结气体含量高的地热资源。

小 知 识

20世纪90年代中期，以色列奥玛特公司把地热蒸汽发电和地热水发电两种系统合二为一，设计出一个新的被命名为"联合循环地热发电系统"。

地热可以**供暖**吗？

悠悠：天然气可以供暖，太阳能可以供暖，那么地热可以供暖吗？

问号博士：地热可以供暖。将地热能直接用于采暖、供热和供热水，是仅次于地热发电的地热利用方式。因为这种利用方式简单、经济性好，所以备受各国重视，特别是位于高寒地区的西方国家，其中冰岛开发利用得最好。该国早在1928年就在首都雷克雅未克建成了世界上第一个地热供热系统，现今这一供热系统已发展得非常完善，可供全市居民使用。由于没有高耸的烟囱，冰岛首都已被誉为"世界上最清洁无烟的城市"。此外利用地热给工厂供热，如用作干燥谷物和食品的热源，用作硅藻土生产，木材、造纸、制革、纺织、酿酒、制糖等生产过程的热源也是大有前途的。目前世界上最大两家地热应用工厂就是冰岛的硅藻土厂和新西兰的纸浆加工厂。

我国利用地热供暖和供热水发展也非常迅速，在京津地区已成为地热利用中最普遍的方式。

小 知 识

采用地源热泵，循环使用相对恒温的地下水，这种"绿色空调"来采暖，以此实现节能减排目的。

地热可以*治病*吗?

悠悠：我听妈妈说，地热可以治病，这是真的吗？

问号博士：是真的。地热在医疗领域的应用前景远大，目前热矿水被视为一种宝贵的资源。由于地热水从很深的地下提取到地面，不但温度高，而且含有一些特殊的化学元素，从而使它具有一定的医疗效果。如含碳酸的矿泉水供饮用，可调节胃酸、平衡人体酸碱度；含铁矿泉水饮用后，可治疗缺铁贫血症；氢泉、硫水氢泉洗浴可治疗神经衰弱和关节炎、皮肤病等。由于温泉的医疗作用伴随着温泉出现的特殊的地质、地貌条件，使温泉常常成为旅游胜地，吸引大批疗养者和旅游者。我国利用地热治疗疾病的历史悠久，含有各种矿物元素的温泉有众多的优点，因此充分发挥地热的医疗作用，发展温泉疗养行业是大有可为的。未来随着与地热利用相关的高新技术的发展，将使人们能更精确地查明更多的地热资源，钻更深的钻井将地热从地层深处取出，因此地热利用也必将进入一个飞速发展的阶段。

小 知 识

在日本就有1500多个温泉疗养院，每年吸引1亿人到这些疗养院休养。

温泉是怎么形成的?

悠悠:上个星期,我爷爷和小区的几个爷爷们一起去旅游泡温泉了。我很好奇,温泉是怎么形成的呢?

问号博士:温泉是指涌出地表的泉水温度高于当地的地下水温。温泉形成的原因大致分为两种:一种是由地壳内部的岩浆作用所形成,或为火山喷发所伴随产生。火山活动过的死火山地形区,因地壳板块运动隆起的地表,其地底下还有未冷却的岩浆,均会不断地释放出大量的热能。由于此类热源热量集中,因此只要附近有孔隙的含水岩层,就会受热成为高温的热水,而且大部分会沸腾为蒸气(多为硫酸盐泉)。二则是受地表水渗透循环作用所形成。温泉大多发生在山谷中河床上,简单的说,温泉形成的条件就是三个条件:地下必须有热水存在、必须有静水压力差导致热水上涌、岩石中必须有深长裂隙供热水通达地面。

小知识

日本人爱好泡温泉,三步一小汤,五步一大汤,泡汤对日本人而言已经成为日常生活中非常重要的一部分。

温泉是人人都可以泡的吗？

悠悠：温泉可以治病，很多人都喜欢。可是为什么爷爷说，不是所有的人都合适呢？

问号博士：尽管泡温泉对健康有种种好处，但不是人人都适用。高血压、心脏病患者，在服药的前提下，可以泡温泉，但每一次最好不超过20分钟。起身时应谨慎缓慢，以防因血管扩张、血压下降导致头昏眼花而跌倒。

温泉所含的硫磺及其他酸碱物质可以消炎杀菌，对一般感染性或寄生性皮肤病很有疗效，但有时也会刺激皮肤使伤口恶化，甚至导致"温泉性皮肤病"，因此对于部分皮肤病患者，不宜泡温泉。对于患有湿疹等的人来说，泡在热水中过久，会加速皮肤水分的蒸发，破坏皮肤保护层，也容易导致症状的加重。

小 知 识

泡温泉不要从水温太烫的池开始，要从水温较温和的池水开始浸泡，要适时让身体露出水面。

为什么用地热水浇灌农作物?

悠悠：我去旅游时，见路边的伯伯用冒着白烟的地热水浇农作物。我不明白，为什么用地热水浇灌农作物呢？

问号博士：地热在农业中的应用范围非常广阔。如利用温度适宜的地热水灌溉农田，可使农作物早熟增产；利用地热水养鱼，在28℃水温下可加速鱼的育肥，提高鱼的出产率；利用地热建造温室育秧、种菜和养花；利用地热给沼气池加温，提高沼气的产量等。

将地热能直接用于农业的地区在我国日益广泛。北京、天津、西藏和云南等地都建有面积大小不等的地热温室。

各地还利用地热大力发展养殖业，如培养菌种、养殖非洲鲫鱼、鳗鱼、罗非鱼、罗氏沼虾等。

小知识

夏季正午不能用温度太低的地下水浇灌农作物，因为过大的温差会伤害植物的根系。

地热能可以**人工**制造吗?

W LINIUDUOSHI

悠悠：地热能有那么多的优点，如果能人工制造多好。地热能可以人工制造吗？

问号博士：人造地热能是为了解决全球变暖问题，对干净能源的大量需求逐渐成为21世纪现学的一种新方法。上个世纪70年代已经提出但是一直没有受到重视，因为地热分布地区极为受限，于是有人提出采用深度钻孔技术于任何地方钻至靠近地底熔岩附近300度以上的区域，至少钻两井，一井注入热水，一井收回地热蒸汽发电。如果成本允许钻更多回收井则可以减少散失蒸汽，增加发电效能。

虽然原理简单但是由于成本太大，地底状况难以掌握，有可能钻出水汽不能流通的废井，加上地热在大众媒体关注中不如太阳能和风能高。诸多因素使人不愿投资而只停于实验阶段。

小 知 识

随着水热钻机、等离子钻机的概念提出，钻井成本有望大幅度下降。

问号博士

WENHAOBOSHI

地热发电对**环**境有影响吗？

悠悠：水力发电对环境有影响，那地热发电对环境也有影响吗？

问号博士：1.地热蒸汽的温度和压力都不如火力发电高，因此地热利用率低。像盖塞斯的老发电机组的热效率只有14.3％，以致冷却水用量多于普通电站，热污染也比较严重。2.地热电站也可利用冷却塔将余热释放到大气中，以避免上述的热污染。过剩的冷却水由于积累了硼、氨等污染物，应排注地下，而不应该排注水体。这虽然解决了污染问题，但有可能引发地震，不过也可能因陆续注入而使岩层逐渐滑动，反而缓慢地解除积压，以致避免地震的突发。3.从冷却塔排出的废蒸汽和废水中可能含有毒气体，应予重视并及时加以处理。以免污染厂区附近的空气。4.地热属于再生比较慢的一种资源。

小 知 识

由于取用的水多于回注的水，利用地热发电，最后可能会引起地面沉降，这一点必须注意。

第六章 "蓝色油田"——海洋能

　　海水为什么会咸呢？那是因为海水中有 3.5% 左右的盐。所以我们现在吃的盐大多是从海水中提炼出来的。海洋能不但能发电，而且海底有大量的油气田，能开采出石油。海底蕴藏着极其丰富的稀有金属矿源镁、铀等。

海洋能包括哪些？

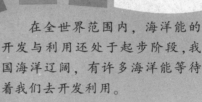

悠悠：蕴藏在海洋中的可再生能源有很多。博士，你知道什么是海洋能，海洋能包括哪些？

问号博士：海洋能是海水运动过程中产生的可再生能源，主要包括温差能、潮汐能、波浪能、潮流能、海流能、盐差能等。潮汐能和潮流能源自月球、太阳和其他星球引力，其他海洋能等均源自太阳辐射。

海水温差能是一种热能。低纬度的海面水温较高，与深层水形成温度差，可产生热交换。其能量与温差的大小和热交换水量成正比。潮汐能、潮流能、海流能、波浪能都是机械能。潮汐的能量与潮差大小和潮量成正比。波浪的能量与波高的平方和波动水域面积成正比。在交汇水域区还存在海水盐差能（又称海水化学能），入海径流的淡水与海洋盐水间有盐度差，若隔以半透膜，淡水向海水一侧渗透，可产生渗透压力，其能量与压力差和渗透能量成正比。

小知识

在全世界范围内，海洋能的开发与利用还处于起步阶段，我国海洋辽阔，有许多海洋能等待着我们去开发利用。

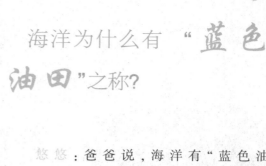

海洋为什么有"蓝色油田"之称?

悠悠:爸爸说,海洋有"蓝色油田"之称,我知道蓝色是海洋的颜色,可是为什么又被称为"油田"呢?

问号博士:海底石油和天然气的储量极为丰富。据统计,大陆架石油储量为1450亿吨,天然气地质储量为140万亿立方米,约占世界油气总储量的25%~30%。沙特阿拉伯、英国、委内瑞拉、美国、印度尼西亚、伊朗、挪威等国的海底石油年产量超过1000万吨。尤其在近10年,全世界新增加的油气田中,有65%~70%位于近海陆架区。海底油气资源是远古时代留给人类的一笔巨额财富。

海洋的能源除矿物燃料外,还有以热能、动能和化学能的形式出现的"海洋能"。据专家估计,海洋能源占世界能源总量的70%以上,海洋真是人类最大的"能源库"。

小 知 识

从1897年在美国加利福尼亚州开始第一次海上钻井,直到今天,人类开发海底油气已有百年的历史。

海洋为什么被称为"化学元素的**故乡**"?

悠悠：海洋一直是海洋生物的第一故乡，它为什么又被称为"化学元素的故乡"，两者有何关联？

问号博士：人们以海盐为原料生产出上万种不同用途的产品，例如烧碱、氯气、氢气和金属钠等。海水中蕴藏着极其丰富的钾盐资源。

溴是一种贵重的药品原料，可以生产许多消毒药品。地球上99%以上的溴都蕴藏在汪洋大海中。镁不仅大量用于火箭、导弹和飞机的制造，它还可以用于钢铁工业。铀是高能量的核燃料。在海水水体中，含有丰富的铀矿资源，总量超过 $4×10^9$ 亿吨，约相当于陆地总储量的 2000 倍。锂是用于制造氢弹的重要原料。重水既是原子能反应堆的减速剂和传热介质，也是制造氢弹的原料。

人类在陆地上发现的 100 多种元素，在海水中可以找到 80 多种，所以说海洋是"化学元素的故乡"。

小 知 识

镁在海水中的含量仅次于氯和钠，总储量约为 $1.8×10^{15}$ 亿吨，主要以氯化镁和硫酸镁的形式存在。

海洋能的**特点**是什么？

悠悠：太阳能、风能、地热能等都有其特点，那么，海洋能的特点是什么？

问号博士：1.海洋能在海洋总水体中的蕴藏量巨大。而单位体积、单位面积、单位长度所拥有的能量较小。这就是说，要想得到大能量，就得从大量的海水中获得。2.海洋能具有可再生性。海洋能来源于太阳辐射与天体间的万有引力，只要太阳、月球等天体与地球共存，这种能源就会再生，就可以取之不尽，用之不竭。3.海洋能有较稳定与不稳定能源之分。较稳定的为温度差能、盐度差能和海流能。不稳定能源分为变化有规律与变化无规律两种。4.海洋能属于清洁能源，也就是海洋能一旦被开发后，其本身对环境污染很小。

小知识

1980年5月4日，浙江省温岭的江厦潮汐电站第一台机组并网发电，揭开了中国较大规模建设潮汐电站的序幕。

93

海洋能的**储量**丰富吗?

悠悠:海洋是一个大水库,里面包罗万象,就是不知道海洋能的储量丰富吗?

问号博士:各种海洋能的蕴藏量是非常巨大的,据估计有780多亿千瓦,其中波浪能700亿千瓦,潮汐能30亿千瓦,温度差能20亿千瓦,海流能10亿千瓦,盐度差能10亿千瓦。

科学家曾做过计算,沿岸各国尚未被利用的潮汐能要比目前世界全部的水力发电量多一倍。如果将波浪的能量转换为可利用的能源,那真是一种理想的巨大的能源。沿海各国,特别是美国、俄罗斯、日本、法国等国都非常重视海洋能的开发。从各国的情况看,潮汐发电技术比较成熟。利用波浪能、盐度差能、温度差能等海洋能进行发电还不成熟,目前仍处于研究试验阶段。

小 知 识

海洋蕴藏着巨大的能量,它将太阳能以及派生的风能等以热能、机械能等形式储存在海水里,不像在陆地和空中那样容易散失。

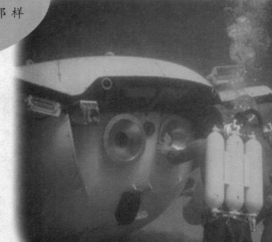

什么是海洋**渗透**能？

悠悠：前面的介绍使我们对海洋能有了初步的了解，海洋渗透能是什么？博士，你能给我们讲一下吗？

问号博士：在陆地上利用的主要有太阳能、风能、生物能等，这些已经成为大家比较熟悉的绿色能源。其实，海洋也是一个巨大的能源宝库，现在世界各国已经在利用的有潮汐能和波浪能，而渗透能则是一种新型的海洋能源。

海洋渗透能是一种十分环保的绿色能源，它既不产生垃圾，也没有二氧化碳的排放，更不依赖天气的状况，可以说是取之不尽，用之不竭。而在盐分浓度更大的水域里，渗透发电厂的发电效能会更好，比如地中海、死海、我国盐城市的大盐湖、美国的大盐湖，当然发电厂附近必须有淡水的供给。

据挪威能源集团的负责人米克尔森估计，利用海洋渗透能发电，全球范围内年度发电量可以达到 16000 亿度。

小 知 识

英国于 2012 年 1 月 23 日宣布在西南部建设其第一个海洋能源园区。

怎么用潮汐能发电？

悠悠：去过海边的朋友都知道海洋的潮汐是怎么回事，爸爸说潮汐也是能发电的，是吗？

问号博士：潮汐发电与普通水利发电原理相似，通过出水库，在涨潮时将海水储存在水库内，以势能的形式保存。然后，在落潮时放出海水，利用高、低潮位之间的落差，推动水轮机旋转，带动发电机发电。差别在于海水与河水不同，蓄积的海水落差不大，但流量较大，并且呈间歇性，从而潮汐发电的水轮机结构要适合低水头、大流量的特点。

潮汐发电是水力发电的一种，在有条件的海湾或潮口建造堤坝、闸门和厂房，围成水库。水库水位与外海潮位之间形成一定的潮差（即工作水头），从而可驱动水轮发电机组发电。

小知识

现在已开发出多种将潮汐能转变为机械能的机械设备，如螺旋桨式水轮机、轴流式水轮机、开敞环流式水轮机等。

潮汐能发电有什么**优点**？

悠悠：潮汐发电与普通水利发电原理类似，潮汐能也像其他能源一样有很多的优点，它的优点有哪些？

问号博士：1．潮汐能是一种清洁、不污染环境、不影响生态平衡的可再生能源。潮水每日涨落，周而复始，取之不尽，用之不竭。它完全可以发展成为沿海地区生活、生产和国防需要的重要补充能源。2．它是一种相对稳定的可靠能源，全年总发电量稳定，不受丰、枯水年和丰、枯水期影响。3．潮汐发电站不需淹没大量农田建成水库。4．潮汐发电站不需筑高水坝，不至对下游城市、农田、人民生命财产等造成严重危害。5．潮汐能开发将一次能源和二次能源相结合，不用燃料，不受一次能源价格的影响，而且运行费用低，是一种经济能源。

小 知 识

理论上我国潮汐能中浙江、福建两省蕴藏量最大，约占全国的80.9%。

潮汐能发电有什么**缺点**？

悠悠：既然前面提到潮汐有优点，那它也会有缺点吧，它的缺点是什么？

问号博士：有缺点。潮差和水头在一日内经常变化，在无特殊调节措施时，出力有间歇性，给用户带来不便。

潮汐存在半月变化，潮差可相差两倍，故保证出力、装机的年利用小时数也低；潮汐电站建在港湾海口，土建和机电投资大，造价较高；潮汐电站是低水头、大流量的发电形式，耗钢量多，进出水建筑物结构复杂；潮汐变化周期为太阳日，月循环约为 14 多天，每天高潮落后约 50 分钟，与按太阳日给出之日需电负荷图配合较差。

潮汐发电虽然存在以上不足之处，但随着现代技术水平的不断提高，是可以得到改善的。

小知识

采用现代化浮运沉箱进行施工，可以节约土建投资。降低潮汐水电站的建设成本。

98

有能**燃烧**的"冰"吗？

悠 悠：听楼上姐姐说，有可以"燃烧"的冰。这是真的吗？

问号博士：天然气水合物分布于深海沉积物或陆域的永久冻土中，由天然气与水在高压低温条件下形成的类冰状的结晶物质。因其外观像冰一样而且遇火即可燃烧，所以又被称为"可燃冰"或者"固体瓦斯"和"气冰"。它是在一定条件（合适的温度、压力、气体饱和度、水的盐度、PH值等）下由水和天然气在中高压和低温条件下混合时组成的类冰的、非化学计量的、笼形结晶化合物。天然气水合物通常也被称为甲烷水合物。

天然气水合物在自然界广泛分布在大陆永久冻土、岛屿的斜坡地带、活动和被动大陆边缘的隆起处、极地大陆架以及海洋和一些内陆湖的深水环境中。

小 知 识

在标准状况下，一单位体积的天然气水合物分解最多可产生164单位体积的甲烷气体，因而它是一种重要的潜在的未来资源。

99

第七章 "能源之王"—核能

　　1945 年 8 月 6 日和 9 日，美国将两颗原子弹先后投在了日本的广岛和长崎。正是这两颗原子弹，让我们正视到核能的威力。核能除了做武器外，还可以发电。核能发电成本远远低于煤炭、天然气，所带来的效益更高，并且不会造成空气污染，不会加重温室效应，环保清洁。所以，开发利用核能源成为了我们的重要课题。

什么是核能?

悠悠：经常听爸爸和叔叔讨论核武器，说核武器是核能在军事上的应用。那么什么是核能呢？

问号博士：核能是指由原子核内部结构发生变化而释放出的能量，核能也称原子能。

在1945年之前，人类在能源利用领域只涉及到物理变化和化学变化。二战时，原子弹诞生了。人类开始将核能运用于军事、能源、工业、航天等领域。美国、俄罗斯、英国、法国、中国、日本、以色列等国相继展开对核能应用的研究。

在世界上核裂变的主要燃料铀和钍的储量分别约为490万吨和275万吨。这些裂变燃料足可以用到聚变能时代。况且以目前世界能源消耗的水平来计算，地球上能够用于核聚变的氘和氚的数量，可供人类使用上千亿年。因此，有关能源专家认为，如果解决了核聚变技术，那么人类将从根本上解决能源紧缺问题。

小 知 识

1942年12月2日美国芝加哥大学成功启动了世界上第一座核反应堆。

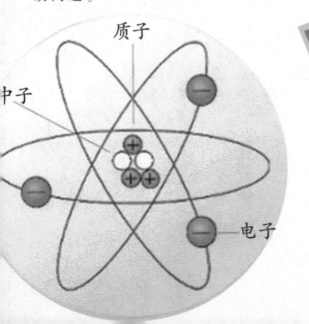

质子

中子

电子

101

什么是核武器？

悠悠：爸爸说朝鲜退出
《不扩散核武器条约》之后，
会继续研制核武器。究竟什么
是核武器呢？

问号博士：煤、石油等矿物燃料燃烧
时释放的能量，来自碳、氢、氧的化学反应。
一般化学炸药如梯恩梯（TNT）爆炸时释放的能量，来自化合物
的分解反应。在这些化学反应里，碳、氢、氧、氮等原子核都没有
变化，只是各个原子之间的组合状态有了变化。核反应与化学
反应则不一样，在核裂变或核聚变反应里，参与反应的原子核
都转变成其他原子核，原子也发生了变化。因此，人们习惯上称
这类武器为原子核武器，但实质上是原子核的反应与转变，所
以称核武器更为确切。

核武器中主要利用铀或钚等
重原子核的裂变链式反应原理
制成的裂变武器，通常称为原子
弹；主要利用重氢、氚或超重氢
等轻原子核的热核反应原理制
成的热核武器或聚变武器，通常
称为氢弹。

小 知 识

1945年8月6日和9日美
国将两颗原子弹先后投在了日本
的广岛和长崎。

为什么全球都禁止核武器？

悠悠：因为核武器威力大，所以全球才禁止核武器吗？

问号博士：不是的。1.全面核战争无疑是一场大灾难、会造成大量伤亡，并且造成环境大破坏，这是被世人所公认的，这也正是世界人民不断要求全面禁止并彻底销毁核武器的原因。2.核武器库和核设施将成为袭击目标，其受袭后产生的放射性灰尘和有毒烟雾危害的范围会更大。被打击的国家的居民（包括偏远地区的居民）及

非直接受打击国家的居民都会大范围的受到各种的影响。3.战时核弹在几百公里的高空爆炸，虽然对人员没有直接伤害，但核电磁脉冲能使方圆几十万平方公里的电子通信设备失灵或烧坏。

小知识

1958年，无核武器国家爱尔兰在联合国率先提出"不扩散核武器"议案，要求核武器国家不要向无核国家提供核武器。

什么是核聚变？

悠悠：核武器好大的威力，许多核武器都是根据核聚变原理制成的，究竟核聚变有什么本事能够产生这么大得破坏力啊？

问号博士：核聚变是指由质量小的原子，主要是指氘或氚原子，在一定条件下(如超高温和高压)，发生原子核互相聚合，生成新的质量更重的原子核，并伴随着巨大的能量释放的一种核反应形式。原子核中蕴藏巨大的能量，原子核的变化(从一种原子核变化为另外一种原子核)往往伴随着能量的释放。如果是由轻的原子核变化为轻的原子核，叫核裂变，如原子弹爆炸；如果是由轻的原子核变化为重的原子核，叫核聚变。

核聚变的特点是：1.核聚变释放的能量比核裂变更大；2.无高端核废料；3.不对环境造成大的污染；4.核聚变原料供应充足；地球上重氢有10万亿吨(每1升海水中含30毫克氘，而30毫克氘聚变产生的能量相当于300升汽油)。

小 知 识

我国在1964年10月16日成功爆炸了第一颗原子弹。1967年6月17日又成功地进行了首次氢弹试验。

核能也可以**发电**吗？ 为什么？

悠悠：核武器是核能的军事利用，核能难道只能用在军事上面吗？它可以发电吗？

问号博士：核电是利用核反应堆中核裂变所释放出的热能进行发电。它与火力发电极其相似。

核能发电是利用铀燃料进行核分裂连锁反应所产生的热，将水加热成高温高压，利用产生的水蒸汽推动蒸汽轮机并带动发电机。核反应所放出的热量比化石燃料所放出的热量要高很多（相差约百万倍），比较起来它所需要的燃料体积比火力电厂少很多。核能发电所使用的的铀235纯度只约占3%～4%，其他皆为无法产生核分裂的铀238。

小 知 识

核电厂每年要用掉80吨的核燃料，只要两个标准货柜就可以运载。

核能发电有什么优点?

悠悠:核能发电缓解了由于能源紧缺造成的用电紧张,为人类的发展做出了贡献,相比于其他发电方式,核能发电有什么优点?

问号博士:1.核能发电不像化石燃料发电那样排放大量的污染物质到大气中,所以核能发电不会造成空气污染。2.核能发电不会产生加重地球温室效应的二氧化碳。3.核燃料能量的密度比起化石燃料高上几百万倍,所以核能电厂所使用的燃料体积小,运输与储存都很方便。一座1000百万瓦的核能电厂一年只需30万吨的铀燃料,一航次的飞机就可以完成运送。4.在核能发电的成本中,燃料费用所占的比例较小,核能发电的成本不容易受到国际经济形势的影响,故发电成本比其他发电方法较为稳定。

小 知 识

1000克铀释放的能量相当于2400吨标准煤释放的能量。一座100万千瓦的大型烧煤电站,每年需原煤300~400万吨。

核能发电有什么**缺点**？

悠悠：切尔诺贝利以及日本福岛两座核电站的事故提醒了我们核能发电并不是那么安全的，核能发电还有其他的缺点吗？

问号博士：1.核能电厂会产生高低阶放射性废料，或者是使用过的核燃料，虽然所占体积不大，但因其具有放射性，所以必须慎重处理。

2.核能发电厂的热效率较低，因而比一般化石燃料电厂排放更多废热到外界环境里，故核能电厂的热污染较严重。

3.核能电厂投资成本太大，电力公司的财务风险高。

4.兴建核电厂容易引发政治歧见和纷争。

5.核电厂的反应器内有大量的放射性物质，如果在事故中释放到外界环境，会对生态环境及民众造成危害。

小知识

我国的两个核能发电站是秦山发电站和大亚湾发电站。

核武器在**和平**建设中有什么作用？

悠悠：作为一种军事战略武器，核武器在和平时期有什么作用？

问号博士：核爆炸作用大至分为以下几个方面：1. 核爆炸可以用来开山、劈路、挖掘运河、建造人工港口等。2. 很多地区有大量石油沥青沙层和油页岩，靠钻井并不能开采这种石油，但是核爆炸的高温高压能迫使这种石油流动，从而把它开采出来。3. 利用地下核爆炸的高温高压，将石墨变成金刚石。4. 利用地下核爆炸产生的强大中子流生产超铀元素。5. 核爆炸还可以改造沙漠，使沙漠变成良田。6. 核爆炸可以造成巨大的积水层—"地下水库"。雨季时，雨水储在积水层中，然后慢慢地透过多孔的泥土湿润地表，使之适合于植物的生长。

小 知 识

核爆炸发生，先是产生发光火球，继而产生蘑菇状烟云。这是核爆炸的典型象征。

"核反应堆家族"是由哪些成员组成?

悠悠:几乎任何核能的利用都离不开核反应堆,那么核反应堆有哪些分类呢?

问号博士:这里所说的核反应堆仅指核裂变反应堆。因为在核能工业应用中,特别是核电应用,截止现在能够实用的核反应堆,无论是哪种堆型,本质上都是"核裂变反应堆"。

核反应堆中技术最成熟的是"轻水堆"。所谓"轻水堆",简明地说就是利用经过过滤净化的普通水作减速剂和冷却剂,使中子遇水后,减缓速度的反应堆。

与众不同的"重水堆",是指使用重水作为核裂变产生的中子减速剂和冷却剂的反应堆。重水堆的突出特点是,这种电站的连续工作时间可以很长,不必停机更换燃料。

"气冷堆"是利用气体冷却的反应堆,其减速剂采用石墨,冷却剂采用氦气。这种反应堆使用范围广泛,有供热、发电、炼钢等多种用途。

小 知 识

2011年3月12日,地震导致日本福岛县第一和第二核电站发生核泄漏事件。

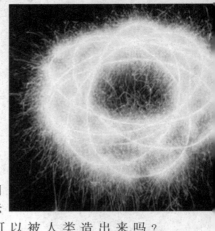

什么是"人造太阳"？

悠悠：地球上的许许多多都与太阳有着不可分割的联系，我听说现在国际上有一个"人造太阳计划"，太阳真的可以被人类造出来吗？

问号博士："国际热核聚变实验堆（ITER）计划"是目前全球规模最大、影响最深远的国际科研合作项目之一，它的建造大约需要 10 年，耗资 50 亿美元（1998 年值）。ITER 装置是一个能产生大规模核聚变反应的超导托克马克，俗称"人造太阳"。核聚变研究是当今世界科技界为解决人类未来能源问题而开展的重大国际合作计划。与不可再生能源和常规清洁能源不同，聚变能具有资源无限、不污染环境、不产生高放射性核废料等优点，是人类未来能源的主要形式之一，也是目前认识到的可以最终解决人类社会能源问题、环境问题和推动人类社会可持续发展的重要途径之一。

小 知 识

2006 年 5 月 24 日，我国政府代表在比利时首都布鲁塞尔签定了《国际热核聚变实验堆联合实施协定》。

你知道**核材料**具体指的是什么吗？

悠悠：核能已经成为人们离不开的新能源，核能的利用也离不开核材料，博士，能不能给我介绍一下什么是核材料啊？

问号博士：核材料分核裂变材料和核聚变材料两大类。核裂变材料主要就是铀235和钚239。其中铀235是从天然铀里面提纯出来的，提纯到90%左右，就可以作为武器级核材料用于生产原子弹。

钚239是另一种做原子弹的核材料，它通常是通过生产型反应堆生产出来的，这类反应堆燃烧3%左右纯度的铀时，烧掉其中的铀235产生能量，同时其中的大量铀238在中子冲击下转化为钚239，这样将"废渣"处理掉就能提取出钚239。

核聚变的材料主要就是氘和氚，目前还无法用于发电，使用它们生产的核武器就是氢弹。

小知识

地壳中铀的平均含量约为百万分之2.5，即平均每吨地壳物质中约含2.5克铀。

怎么处理**核废料**?

悠悠:核废料会对人体和环境产生危害,那么怎么处理核废料呢?

问号博士:国际上通常采用海洋和陆地两种方法处理核废料。一般是先经过冷却、干燥储存,然后再将装有核废料的金属罐投入选定海4000米以下的海底,或深埋于建在地下厚岩石层里的核废料处理库中。

美国、俄罗斯、加拿大、澳大利亚等一些国家因幅员辽阔,荒原广袤,一般采用陆地深埋法。为了保证核废料得到安全处理,各国在投放时要接受国际监督。

通常所说的核废料包括中低放射性核废料和高放射性核废料两类,前者主要指核电站在发电过程中产生的具有放射性的废液、废物,占所有核废料的99%;后者则是指从核电站反应堆中换出来的燃烧后的核燃料,因为其具有高度放射性,俗称为高放射性废料。

小 知 识

经过多年的试验与研究,目前世界上公认的最安全可行的方法就是深地质处置方法,即将高放射性废料保存在地下深处的特殊仓库中。

铀储量丰富吗？

悠悠：核能现在已成为人类发展所离不开的重要能源，而作为核能的主要原料之一的"铀"，在世界上的储量有多大呢？

问号博士：铀是高能量的核燃料，1千克铀可供利用的能量相当于燃烧2050吨优质煤。然而陆地上铀的储藏量并不丰富，且分布极不均匀。在巨大的海水水体中，含有丰富的铀矿资源。据估计，海水中溶解的铀的数量可达45亿吨，相当于陆地总储量的几千倍。

如果能将海水中的铀全部提取出来，所含的裂变能可满足人类几万年的能源需要。不过，海水中含铀的浓度很低，1000吨海水只含有3克铀。只有先把铀从海水中提取出来，才能应用。上世纪60年代起，日本、英国、联邦德国等先后着手研究从海水中提取铀，并且逐渐发现了从海水中提取铀的多种方法。其中，以水合氧化钛吸附剂为基础的有机吸附方法的研究进展最快。

小知识

1789年克拉普罗特发现铀。铀化合物早期用于瓷器的着色，在核裂变现象被发现后用作为核燃料。

核工业在国民经济中有什么作用？

悠悠：在当前的国际形势下，核能的利用已经成为衡量一个国家国力强弱的指标之一，那么核能在一个国家的国民经济之中究竟有什么作用呢？

问号博士：1.核工业能利用核能转变为电能、热能和机械动力，与有机燃料相比，核燃料具有异常高的热值，单位质量核燃料产生的热量为有机燃料的 2.8 兆倍。用它作为能源，成品燃料的保存和运输费用会减少；2.为国民经济各部门提供了多种放射性同位素产品、同位素仪器以及辐射技术等核技术等，在辐射加工、食品保鲜、辐射育种、灭菌消毒、医疗诊断、失踪探测、分析测量和科技生产等方面发挥愈来愈大的作用；3.核工业的发展需要冶金、化工、机械制造、电子等工业的支持，从而也促进了它们的发展。

核工业所要求的耐辐射、耐高温、抗腐蚀和超导体材料将开辟新材料的发展途径。核工业的发展还促进许多新的科学领域，如辐射化学、放射化学、辐射剂量学、核医学、核电子学等领域的发展。核工业与国民经济各部门密切相关、相互促进。

小 知 识

1896 年法国物理学家贝克·勒尔发现了核的天然放射性，揭开了现代科学技术崭新的一页。

第八章 "绿色能源"——生物质能

　　你听说过麦秸秆可以发电吗？你知道麻风树里可以提炼生物柴油吗？让问号博士带着我们遨游生物质能篇。

　　我们将会给大家揭开生物质能的神秘面纱，在这里你可以发现很多新奇的事情。菊芋除了脆咸菜外还可以提炼柴油，地沟油可以作为火车燃料，垃圾也能发电，竹子能助跑非洲经济等等。

什么是生物质能？

悠悠：前面说到，生物质能是新能源。那什么才是生物质能呢？

问号博士：生物质是指利用大气、水、土地等通过光合作用而产生的各种有机体，即一切有生命的可以生长的有机物质通称为生物质。它包括植物、动物和微生物。

广义概念：生物质包括所有的植物、微生物以及以植物、微生物为食物的动物及其产生的废弃物。有代表性的生物质有农作物、农作物废弃物、木材、木材废弃物和动物粪便等。

狭义概念：生物质主要是指农林业生产过程中除粮食、果实以外的秸秆、树木等木质纤维素（简称木质素）、农产品加工业下脚料、农林废弃物及畜牧业生产过程中的禽畜粪便和废弃物等。特点：可再生性、低污染性、广泛分布性。

小 知 识

地球每年经光合作用产生的物质有1730亿吨，其中蕴含的能量相当于全世界能源消耗总量的10~20倍。

生物质能有什么**特点**？

悠悠：随着生物科技的兴起，生物质能越来越被人们所重视，生物质能与其他能源相比有什么独特的优势呢？

问号博士：1.生物质能属可再生能源。生物质能通过植物的光合作用可以再生，与风能、太阳能等同属可再生能源，资源丰富，可保证能源的永续利用。

2.低污染性。生物质的硫含量和氮含量低，燃烧过程中生成的SO_x、NO_x较少；生物质作为燃料时，由于它在生长时需要的二氧化碳相当于它排放的二氧化碳的量，因而对大气的二氧化碳净排放量近似于零，可有效地减轻温室效应。

3.广泛分布性。缺乏煤炭的地域，可充分利用生物质能。

4.生物质燃料总量十分丰富。生物质能是世界第四大能源，仅次于煤炭、石油和天然气。

小 知 识

地球陆地每年生产1000~1250亿吨生物质；海洋每年生产500亿吨生物质。

117

生物质能分为哪几类？

悠悠：没想到生物质能资源这么丰富，那它分为几类呢？

问号博士：生物质能分为林业资源、农业资源、生活污水和工业有机废水、城市固体废物和畜禽粪便5大类。

林业生物质资源是指森林生长和林业生产过程提供的生物质能源。

农业生物质能资源是指农业作物（包括能源作物）。

生活污水主要由城镇居民生活、商业和服务业的各种排水构成。工业有机废水主要是酿酒、制糖、食品、制药、造纸及屠宰等行业生产过程中排出的废水等。

城市固体废物主要是由城镇居民生活垃圾、商业、服务业垃圾和少量建筑业垃圾等固体废物构成。

畜禽粪便是畜禽排泄物的总称。

小 知 识

以美国、瑞典和奥地利三国为例，生物质能转化为高品位能源利用已具有相当可观的规模，分别占该国一次能源消耗量的4%、16%和10%。

为什么说生物质能是唯一一种可再生的**能源**？

悠悠：我知道煤炭是不可再生的，而且还污染环境。那么，生物质能为什么是唯一一种可再生的能源呢？

问号博士：大规模地充分利用太阳能，目前还有很多困难，比如要利用太阳能大规模发电，可能一时半会儿还做不到。生物质能，就是以生物质为载体的能量。它直接或间接地来源于绿色植物的光合作用，可转化为常规的固态、液态和气态燃料。生物质能的原始能量来源于太阳，所以从广义上讲，生物质能是太阳能的一种表现形式，是唯一一种可再生的能源。生物质能源包括生物柴油、生物乙醇、生物颗粒燃料、生物化工产品等。

小 知 识

许多国家都制定了相应的研究开发计划，如印度的绿色能源工程、美国的能源农场和巴西的酒精能源计划等，其中生物质能源的开发利用占有相当大的比重。

生物质能**发电**
有什么重大意义?

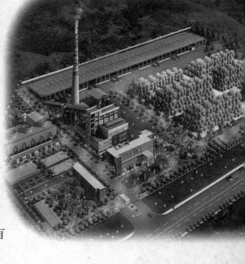

　　悠悠:生物质能原来有那么多用处啊?我听说生物质能还能发电,用生物质能来发电对于人类有什么重大意义吗?

　　问号博士:中国是一个农业大国,生物质资源十分丰富,各种农作物每年产生秸秆6亿多吨,其中可以作为能源使用的约4亿吨,全国林木生物总量约190亿吨,可获得总量为9亿吨,可作为能源利用的总量约为3亿吨。如加以有效利用,开发潜力将十分巨大。不仅增加我国清洁能源比重,还改善了环境,增加农民收入,缩小城乡差距。为推动生物质发能电技术的发展,国家先后审核批准了河北晋州、山东单县和江苏如东3个秸秆发电示范项目,颁布了《可再生能源法》,并实施了生物质能发电优惠上网电价等有关配套政策,从而使生物质能发电,特别是秸秆发电迅速发展。

小 知 识

　　世界生物质能发电起源于20世纪70年代,当时,世界性的石油危机爆发后,丹麦开始积极开发清洁的可再生能源,大力推行秸秆等生物质能发电。

输电

植物

发电厂

供暖

生物质

为什么说生物质能是
开启新能源时代的"钥匙"?

悠悠：通过前面的了解，我知道了生物质能的诸多优点以及对于人类的意义，面对能源危机，生物质能会是开启新能源时代的"钥匙"吗？

问号博士：生物质能是继煤炭、石油、天然气后的第四大能源。随着社会经济的发展，人们对能源的需求日益增加，地球所蕴藏的煤炭、石油、天然气等传统能源日渐匮乏。在巨大的能源压力下，发展取之不尽、清洁无污染的生物质能已经成为全球共识。

发展生物质能不仅成为开启新能源时代的一把"钥匙"，也是实现温室气体减排目标和抢占"绿色经济"制高点的一件"利器"。除在固体成型燃料生产和应用取得技术突破外，我国目前在利用玉米芯或秸秆等农林废弃物生产乙醇、利用生物质气化合成液体燃料等多项生物质能技术上也取得了重大突破。

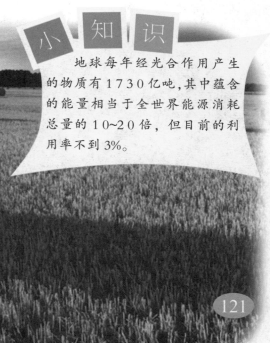

小 知 识

地球每年经光合作用产生的物质有1730亿吨，其中蕴含的能量相当于全世界能源消耗总量的10~20倍，但目前的利用率不到3%。

秸秆为什么能发电？

悠悠：以前爷爷告诉我秸秆只能焚烧，没有什么更大的用处，但是我听说，秸秆可以用来发电。博士，秸秆发电是怎么回事？

问号博士：秸秆是一种很好的清洁可再生能源，是最具开发利用潜力的新能源之一，对缓解和最终解决温室效应问题具有潜在的价值。

秸秆发电，就是以农作物秸秆为主要燃料的一种发电方式，又分为秸秆气化发电和秸秆燃烧发电。秸秆气化发电是将秸秆在缺氧状态下燃烧，发生化学反应，生成高品位、易输送、利用率高的气体，利用这些产生的气体再进行发电。但秸秆气化发电工艺过程复杂，难以适应大规模发电，主要用于较小规模的发电项目。秸秆直接燃烧发电是21世纪初期实现规模化应用唯一实现的途径。

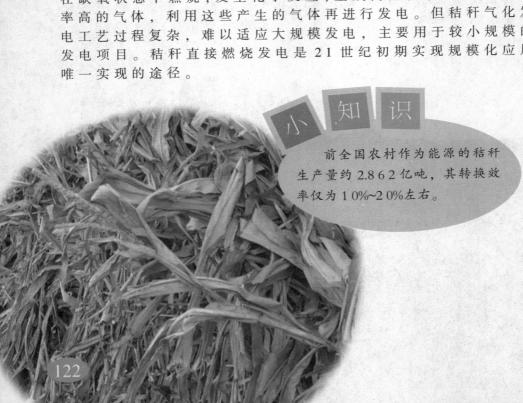

小知识

前全国农村作为能源的秸秆生产量约2.862亿吨，其转换效率仅为10%~20%左右。

麻风树为什么
被称为"**绿色柴油**"？

悠悠：麻风树怎么和柴油扯上边的？为什么被称为"绿色柴油"？

问号博士：麻风树是目前已知最速生的高效树种之一。它可以用来生产生物燃料，因而被称为解决汽车污染的新方案、神奇的生物柴油植物。麻风树是极具开发前景的生物柴油植物树种，果实的含油率为 $60\%\sim80\%$。是制造生物柴油的良好材料，被生物质能源研究专家称之为"黄金树"、"柴油树"。同化石柴油相比，麻风树油是一种绿色柴油，它是一种无毒的、百分之百天然、具有生物可降解性的生物燃料，可以作为柴油的替代物，可以广泛地用于交通、电器设备和其他依靠矿物燃料提供动力的机器。

小 知 识

1995 年在洛克菲勒基金和德国政府支持下，巴西、尼泊尔、津巴布韦开始了对麻风树油用做燃料的开发。

问号博士

地沟油能做火车燃料吗?

悠悠：地沟油是一种被人们所痛恨的非法食用油，难道除了"偷偷摸摸"上餐桌之外就没有其他的用途了吗?

问号博士：是的。一提到"地沟油"人们的第一反应是"地沟油"是一种质量极差、极不卫生的非食用油。正如人们所想的那样，一旦食用"地沟油"，它会破坏人们的白血球和消化道黏膜、引起食物中毒、甚至致癌的严重后果。所以"地沟油"是严禁用于食用领域的。但是从地沟里能提炼出生物柴油。

2010年10月日本兵库县加西市启用该国首列生物柴油火车。列车所用燃油取自家庭和餐馆使用过的食用油。由于生物柴油处理费用较高，这种燃油的使用成本超过普通汽油，但在行驶里程和加速性能上，并不逊色于普通燃油。

小 知 识

"地沟油"提炼生物柴油的转化率由最初70%到80%，提高到目前的98%。也就是说，1吨地沟油可以提炼980公斤生物柴油。

地沟油能**制药**吗?

悠悠:听爸爸说,地沟油经过加工,可以制药,这是真的吗?

问号博士:这是真的。北京科技大学环境工程系王化军教授等人研发成功"地沟油"制备选矿药剂的综合利用技术,这项技术可利用"地沟油"生产用于选矿的脂肪酸和脂肪酸钠,几乎不会产生二次污染。

据介绍,在利用废弃原料制取矿物脂肪酸类捕收剂的研究中,利用的原料主要有在炼制植物油、酸化油生产过程中抛弃的油脚料或中间产物,而利用"地沟油"制备脂肪酸类捕收剂尚不多见。由于"地沟油"主要来自餐饮的废弃油脂,成分主要为脂肪酸甘油酯,如果能利用其进行脂肪酸类捕收剂的制备,可以达到污染减少和综合利用的双重目的。

小知识

2011年9月13日,我国警方全方位破获特大利用"地沟油"制售案。

你知道地沟油可以生产沼气和乙醇吗?

悠悠：爸爸说，其实地沟油的用处很大，除了能提炼生物柴油外，还可以生产沼气和乙醇。这是为什么呢？

问号博士：地沟油经过提炼、分离，一部分变身为生物柴油的原料，另一部分继续发酵成为燃料乙醇和沼气，剩余的废渣全部转化为肥料。

餐厨废弃物中的油脂先经过分离机制变成生物柴油，然后碳水化合物和蛋白质等成分经过酶解、厌氧发酵等过程转化为燃料乙醇，将乙醇发酵残留物和其他有机成分再通过发酵产生沼气，将沼气工程的沼渣沼液通过处理变成生物肥料。

小 知 识

"泔水油"中的主要危害物为黄曲霉素，毒性是砒霜的100倍。

垃圾也能**发电**吗?

悠悠:科技发展的今天,垃圾也能作为能源使用了,垃圾也能发电,这是真的吗?

问号博士:是真的。垃圾发电是把各种垃圾收集后,进行分类处理。一是对燃烧值较高的垃圾进行高温焚烧,在高温焚烧中产生的热能转化为高温蒸汽,推动涡轮机转动,使发电机产生电能。二是对不能燃烧的有机物进行发酵、厌氧处理,最后干燥脱硫,产生气体甲烷。再经燃烧,把热能转化为蒸汽,从而推动涡轮机转动以带动发电机产生电能。

面对垃圾泛滥成灾的状况,世界各国的专家们建议不能仅限于控制和销毁垃圾这种被动"防守",还应采取有效措施,进行科学合理地综合处理。

小 知 识

全国城市每年因垃圾造成的损失约近300亿元(运输费、处理费等),而将其综合利用却能创造2500亿元的经济效益。

127

问号博士

垃圾发电有什么**优**点？

悠悠：垃圾发电是废物利用，节省能源，那么垃圾发电有什么优点呢？

问号博士：环境问题是制约当代经济社会可持续发展的重大问题。据统计，全球每年排放各类垃圾近5亿吨。垃圾困扰，已经演变成一场席卷全社会的生态危机。无害化垃圾焚烧发电可实现垃圾无害化，因为垃圾在高温（100℃左右）下焚烧，可进行分解有害物质，且尾气经净化处理达标后排放，较彻底的无害化。

减量化垃圾焚烧后的残渣，只有原来容积的10%～30%，从而延长了填埋场的使用寿命，缓解了土地资源紧张状况。因此，兴建垃圾电厂十分有利于城市的环境保护，尤其是对土地资源和水资源的保护，实现可持续发展。

小 知 识

中国主要城市年产生活垃圾约1.5亿吨，并且还在以每年8%～10%的速度攀升。

128

垃圾发电为什么会遭遇"**妖魔化**"抵制？

悠悠：垃圾发电有这么多的好处，为什么叔叔阿姨们都反对垃圾发电呢？

问号博士：垃圾焚烧过程中产生大量的有毒物质，其中最为危险的就属被国际组织列为人类一级致癌物中毒性最强的二恶英。

二恶英主要是由垃圾中的塑料制品焚烧产生，它不仅具有强致癌性，而且具有极强的生殖毒性、免疫毒性和内分泌毒性，这种比氢化钾毒性还要大一千多倍的化合物由于化学结构稳定、亲脂性高、又不能生物降解，因而具有很高的环境滞留性。无论存在于空气、水还是土壤中，它都能强烈地吸附于颗粒上，借助于水生和陆生食物链不断富集最终危害人类。

小 知 识

在我国1998年1月4日颁布的《国家危险废物名录》列出的47类危险废物中，至少有13类与二恶英间接有关或者在处理过程中可能产生二恶英。

为什么说生物能源将进入"藻时代"?

悠悠：前天看报纸时，爷爷说生物能源将进入"藻时代"。为什么这么说呢？

问号博士：海藻的生长不占用土地和淡水这两大资源，只要有阳光和海水就能生长，甚至在废水和污水中也能生长。如果生长速度以天计算，那么从生长到产油只需要两周左右的时间，而多数能源作物需要几个月。而且它的产油量也非常可观，一亩大豆一年下来约产油300公斤，但一亩海藻至少能产油2～3吨。

不过，要想进入石油时代，让藻类制取的生物燃料成为畅销产品，目前依旧需要解决许多问题。首先是藻类品种的选择。藻类有数千种，选到正确的种类是至关重要的。其次，藻类生长的速度极快，必须控制好种植的数量，如果太多，阳光就会不够，造成大批死亡，但如果太少则达不到所需要的数量，即使成功收获了水藻，还面临着如何把油提取出来的难题。

小知识

海藻是指生长在潮间带及亚潮间带肉眼可见的大型藻类，通常包括绿藻、褐藻及红藻三大类。

竹子 为什么能助跑非洲经济？

悠悠：昨天，和爷爷一起散步时，我们看到李大爷家中的竹子。爷爷说，竹子能助跑非洲的经济。我不明白，竹子和非洲经济有什么关系？

问号博士：目前，在撒哈拉以南的非洲地区，80%的农村人口正使用竹子作为主要生活燃料。作为一种绿色生物燃料，竹子可以起到减少森林破坏和减缓气候变化的作用。

竹子是世界上生长最快的植物之一，并能产生大量的生物质能，因此，它是一种理想的能源原料。在热带地区，竹子只需短短3年便可成材，而木材则需要20~60年。

整根竹子，包括它的枝干、根茎，都可以用来生产竹炭，有很高的资源使用效率。而且，竹炭热值高，是一种高效的燃料。

除了做竹炭，竹子还可以为农民提供多种新的收入来源。它可以被加成2000多种产品，比如竹地板、竹家具、食用笋等等。

小知识

全球每年有两百万人（大多是妇女和儿童）因吸入燃烧木材产生的烟气而丧命。

美国发明的"**体液电池**"的原理是什么？

悠悠：听爷爷说汗水、尿液也可以做电池。这是真的吗？

问号博士：是真的。这类电池仅仅跟纸张一样薄，却具备广阔的适用性和强大的适应性。如果此项技术研究成熟，也许某一天你会看到这类电池像报纸一样被大量印刷，然后根据其实际适用所需长度剪开，应用到各大行业中。

体液电池看起来薄而柔弱，但作为电池的基本功能却一一具备。据悉，人体的汗水和血液由于含有大量盐分，也可以充当此类电池的电解液。不由得让人遐想：此类电池或许可以在生物体内工作，从而为医疗和生物事业作出巨大的贡献。除了上述作用，体液电池的柔韧性也很强，折叠，弯曲，甚至穿孔，也不会影响此类电池的性能。

小　知　识

体液电池能承受华氏100度~300度的温度。

从淤泥里可以提炼出生物柴油吗？

悠悠：爸爸说，臭烘烘的淤泥里也可以提炼出生物柴油，这是真的吗？

问号博士：是真的。大豆、葵花籽和其他农作物已被用来作为生物柴油的原料，但是它们的价格偏高。

污水淤泥是极具吸引力的替代生物柴油原料。淤泥是良好的生物柴油原料的来源，供应十分充足。为帮助生物柴油的生产，污水处理厂可利用微生物来提高油脂的产量。

从长远的发展来讲，污水淤泥生产生物柴油将是非常有利可图的。不过，利用污水淤泥获取生物柴油技术实现商业化还存在着相当大的挑战，包括淤泥的收集、生物柴油与其他物质的分离、生物柴油质量的稳定问题、生产过程中脂肪酸盐的形成以及管理问题等。

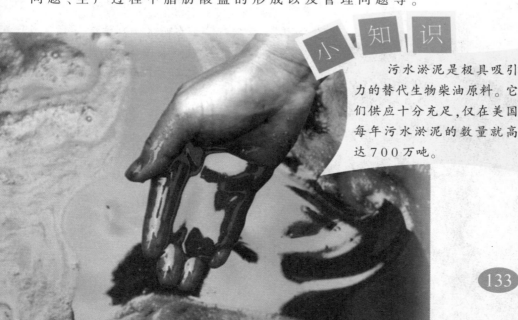

小 知 识

污水淤泥是极具吸引力的替代生物柴油原料。它们供应十分充足，仅在美国每年污水淤泥的数量就高达700万吨。

133

问号博士

菊芋也能提炼生物柴油吗？

悠悠：奶奶中午腌咸菜的时候对我说，菊芋不但能吃，还能制成生物柴油。这是真的吗？

问号博士：是的，菊芋也能制成生物柴油。目前国内已建成的生物柴油装置大多以酸化油、地沟油等废弃油脂为原料，由于这些原料价格波动比较大，所以导致生物柴油生产成本过高。而且酸化油、地沟油等废弃油脂成分复杂，生产的生物柴油大多达不到国家制定的生物柴油标准，国内生物柴油生产企业面临着巨大问题。

菊芋在国内已有近百年的种植历史，适合在贫瘠坡地、干旱盐碱的非耕边际土地上种植。其块茎中富含一系列多聚果糖——菊粉，而经提取后的菊粉经过复杂的化学过程，可以转化为果寡糖。果寡糖中含有的高果寡糖加入大肠杆菌后又经过细胞工厂的作用，即可转化为生物柴油。

小知识

菊芋是非粮作物，俗称洋姜、鬼子姜、姜不辣。宅舍附近种植兼有美化作用。洋姜被联合国粮农组织官员称为"21世纪人畜共用作物"。

开发利用生物质能对我国农村有什么意义？

悠悠：我国是一个农业大国，开发生物质能对我国农村现代化有着非同一般的意义，博士，我说的对吗？

问号博士：开发利用生物质能对中国农村具有特殊意义。中国80％的人口生活在农村，秸秆和木柴等生物质能是农村的主要生活燃料。尽管煤炭等商品能源在农村的使用迅速增加，但生物质能仍占有重要地位。

随着农村经济发展和农民生活水平的提高，农村对于优质燃料的需求日益迫切。传统能源利用方式已经难以满足农村现代化需求，生物质能优质化转换利用势在必行。

生物质能新转换技术不仅能够大大加快村镇居民实现能源现代化进程，还能满足农民富裕后对优质能源的迫切需求，同时也可在乡镇企业等生产领域中得到应用。

小 知 识

截止到2005年底，我国农村地区已累计推广节煤炉灶1.89亿户，普及率70％以上，全国已建成秸秆集中供气站539处。

沼气的利用**前景**是什么样的？

悠悠：沼气已在农村广泛使用，沼气对人们的生活帮助很大，那么沼气的发展前景是什么样的呢？

问号博士：沼气作为能源利用已有很长的历史。我国的沼气最初主要为农村户用沼气池，20世纪70年代初，为解决秸秆焚烧和燃料供应不足的问题，我国政府在农村推广沼气事业，沼气池产生的沼气用于农村家庭的炊事，后来逐渐发展到照明和取暖。

目前，户用沼气在我国农村仍在广泛使用。我国的大中型沼气工程始于1936年，此后，大中型废水、养殖业污水、村镇生物质废弃物、城市垃圾沼气的建立拓宽了沼气的生产路径和使用范围。随着我国经济发展和人民生活水平的提高，以及工业、农业、养殖业的发展，大量废弃物发酵沼气工程仍将是我国可再生能源利用和环保的切实有效的方法。

小 知 识

自20世纪80年代以来建立起的沼气发酵综合利用技术沼气的高效农产模式，已逐渐成为我国农村地区利用沼气技术促进可持续发展的有效方法。

沼气为什么能？

悠悠：外公家几年前就用上了沼气，我听说他们那里还要兴建一座沼气发电厂，原来沼气也可以发电啊！

问号博士：沼气燃烧发电是随着大型沼气池建设和沼气综合利用的不断发展而出现的一项沼气利用技术，它将厌氧发酵处理产生的沼气用于发动机上，并装有综合发电装置，以产生电能和热能。沼气发电具有高效、节能、安全和环保等特点，是一种分布广泛且廉价的新能源。

国内沼气发电研究和应用市场都还处于不完善阶段，特别是适用于国广大农村地区小型沼气发电技术研究更少，我国偏远农村地区还有许多地方严重缺电，如牧区、海岛、偏僻山区等高压输电较为困难，而这些地区却有着丰富的生物质原料。如能因地制宜地发展小沼气电站，则可取长补短就地供电。

小知识

沼气发电在发展中国家已受到广泛重视和积极推广，我国沼气发电有30多年的历史。

沼气利用对我国农村有什么意义？

悠悠：原来沼气发电有那多优点啊，那沼气发电一定对我国农村的发展有着巨大的帮助吧？

问号博士：通过沼气发酵综合利用技术，沼气用于农户生活用能和农副产品生产、加工。

沼液用于饲料、生物农业、培养料液的生产。沼渣用于肥料的生产。

我国北方推广的塑料大棚、沼气池、禽畜舍和相结合的"四位一体"沼气生态农业模式；中部地区的以沼气为纽带的生态果园模式；南方建立的"猪—果"模式；以及其他地区因地制宜建立的"养殖—沼气池"、"猪—沼—鱼"和"草—牛—沼"等模式。以沼气为纽带，对沼气、沼液、沼渣的多层次利用的生态农业模式，是改善农村环境的有效措施，是发展绿色种植业、养殖业的有效途径，已成为农村经济新的增长点。

小知识

世界上第一个沼气发生器（又称自动净化器）是由法国穆拉1860年将简易沉淀池改进而成的。

第九章 " 种类繁多"—其他新能源

你知道甲醇汽油吗？你知道乙醇可以做汽车燃料吗？你知道氢气汽车吗？你知道氢气可以做飞机燃料吗？你知道甜品可以制氢吗？这些不知道没有关系，跟随问号博士遨游种类繁多的新能源篇吧。

甲醇汽油产品有什么特点?

悠悠：前几天坐出租车，我发现原来出租车加的是甲醇汽油，博士，甲醇汽油有什么特别的呢？

问号博士：1.环保、清洁、不含铅等。燃烧后排出的气体清洁无害，有利于改善城市环境。

2.使用方便，无需改动装置。甲醇汽油可与石油产品装置同时使用，不仅节省汽油费用，而且还可节约改制装置的费用，单独使用或混合使用均可，真可谓"一举三得"。

3.成本低、原料易购、来源广泛。

4.生产不受季节和规模限制。甲醇汽油一年四季均可生产，与生产汽油、润滑油等产品相比，无需在加温、加压、无水状态下生产。

小知识

甲醇汽油广泛适用于各种燃用汽油的机动车辆。如轿车、客运车、叉车、农用车、摩托车、装载机等。

乙醇可以成为一种新型能源吗？

悠悠：刚刚弄懂什么是"甲醇汽油"，我又听说一种"乙醇汽油"，它们真像亲兄弟！博士，你就为我介绍一下"乙醇汽油"吧！

问号博士：随着能源危机日益临近，新能源的开发已经成为今后世界上的主要能源。

乙醇，俗称酒精。乙醇汽油是由一种粮食及各种植物纤维加工而成的燃料。乙醇和普通汽油按一定比例混配形成的新型替代能源。它可以有效改善油品的性能和质量，减少一氧化碳、碳氢化合物等主要污染物排放。它不仅影响汽车的行驶性能，还能减少有害气体的排放量。

乙醇汽油作为一种新型清洁燃料，是目前世界上可再生能源的发展重点，符合中国能源替代战略和可再生能源发展方向，技术上成熟安全可靠，在中国完全适用，具有较好的经济效益和社会效益。

小知识

乙醇主要来源于粮食（如小麦、玉米、高粱等），虽然乙醇一直被当作为农产品推广，但它基本上还是化石燃料的产物。

141

乙醇汽油有什么**优点**？

悠悠："乙醇汽油"和"甲醇汽油"相比较而言，"乙醇汽油"有什么优点？

问号小博士：减少排放。车用乙醇汽油含氧量达35%，使燃料燃烧更加充分；动力性能好，减少积碳。因车用乙醇汽车的燃烧特性，能有效地消除火花塞、燃烧室、气门、排气管消声器部位积炭的形成，避免了因积炭形成而引起的故障，延长部件使用寿命；使用方便。乙醇在常温下为液体，储运使用方便快捷；燃油系统自洁，具有良好的清洁作用。能有效地消除汽车油箱及油路系统中燃油杂质的沉淀和凝结，具有良好的油路疏通作用；资源丰富。

小 知 识

我国生产乙醇的主要原料含有糖作物，含淀粉作物以及纤维类燃料。

乙醇汽油有什么**缺点**吗？

悠悠：许多东西都是有好有坏的，"乙醇汽油"难道没有任何缺点吗？

问号博士：蒸发潜力大。乙醇的蒸发潜能是汽油的两倍多；热值低。乙醇的热值只有汽油的61%，要行驶同样里程，所需燃料容积要大；易产生气阻。乙醇的沸点只有78℃，在发动机正常工作温度下，很容易产生气阻，使燃料供给量降低甚至中断供油；腐蚀金属。乙醇在燃烧过程中，会产生乙酸，对汽车金属特别是铜有腐蚀作用；与材料适应性差。易对汽车密封橡胶及其它合成非金属材料产生一定的轻微腐蚀，软化或龟裂；易分层。乙醇易于吸水，车用乙醇汽油的含水量超过标准指标后，容易产生液箱分离，影响使用。

小 知 识

乙醇汽油的保质期只有一个月，过了保质期的乙醇汽油容易出现分层现象，在油罐油箱中容易变浑浊，打不着火。

问号博士

用玉米制作乙醇有什么**不利**影响？

悠悠：玉米作为我国广泛种植的一种粮食，用它来制作乙醇既能缓解我国能源危机，又能产出经济效益，有什么不好的？

问号博士：国家明确规定各地不得盲目发展玉米加工乙醇产业，要求坚持"因地制宜，非粮为主"等原则发展生物乙醇燃料。但国内一些加工厂为了享受国家补贴及免税政策，盲目使用玉米加工车用乙醇汽油，大量购买新上市的玉米，造成养殖业所需要的饲料玉米严重短缺，无法承受高涨的饲料玉米价格。我国应加大对麦秸秆、玉米秆、黄豆秆等原料加工，解决汽车与百姓争粮食的问题。

小知识

玉米原产于中美洲，是主要的粮食作物，喜高温，于十六世纪明朝时传入中国。

144

什么是氢能?

悠悠：每到逢年过节的时候，大街上总有许多卖氢气球的，我听说有一种能源叫做氢能，那是一种什么样的能源啊？

问号博士：氢能是通过氢气和氧气反应所产生的能量。氢能是氢的化学能，氢在地球上主要以化合态的形式出现，是宇宙中分布最广泛的物质，它构成了宇宙质量的75％，属于二次能源。工业上生产氢的方式很多，常见的有水电解制氢、煤炭气化制氢、石油及天然气、水蒸气催化转化制氢等。

氢能主要优点有：燃烧热值高。每千克氢燃烧后的热量，约为汽油的3倍、酒精的3.9倍、焦炭的4.5倍；燃烧的产物是水，是世界上最干净的能源，资源丰富。氢气可以由水制取，而水是地球上最为丰富的资源，演绎了自然物质循环利用、持续发展的经典过程。

小 知 识

氢是宇宙中最常见的元素。氢及同位素占到太阳总质量的84％，宇宙质量的75％。

为什么热气球能升空?

悠悠：每逢节假日，天上都有热气球给商家打广告。我想知道热气球为什么能升空？

问号博士：热气球，更严格的讲应叫作密封热气球。由球囊、吊篮和加热装置三部分组成。球皮是由强化尼龙制成的（有的热气球是由涤纶制成的），尽管它的质量很轻，但却极结实。球囊是不透气的，它能利用加热的空气或者密度低于空气密度的气体（如氢气和氦气）产生浮力飞行。

热气球可以通过自带的机载加热器来调整气囊中空气的温度，以达到控制气球升降的目的。影响热气球环球飞行的最大因素就是气候。每年的12月和1月，北半球高空流的流速达到一年中的峰值，最快可达每小时400公里。因此，飞行者们通常选择冬季做环球尝试。

小 知 识

热气球没有方向舵，所以它的运动方向是随风而行，不过有的热气球自带发动机螺旋桨，也可以转向。

146

氢可以做**汽车**燃料吗？

悠悠：楼上的哥哥说氢气可以做汽车燃料，这是真的吗？

问号博士：是真的。以氢能电池为能源的车叫氢燃料汽车。

氢分子通过燃烧与氧分子结合产生热能和水，根据液态氢和空气中的氧结合就能发电的原理制成了氢燃料电池。推广氢能汽车需要解决三个技术问题：掌握大量制取廉价氢气的方法；解决氢气的安全储运问题；解决汽车所需的高性能、廉价的氢供给系统。

氢燃料电池车真正普及到我们的生活中，至少还需要 15 年的时间。

小 知 识

我国在 1980 年成功地造出了第一辆氢能汽车，可乘坐 12 人，贮存氢燃料 90 公斤。

氢可以做**飞机**燃料吗？

悠悠：氢气可以作为汽车燃料，那它也可以做飞机燃料吗？

问号博士：可以。波音公司 2008 年就成功试飞了以氢燃料电池为动力源的小型飞机。 氢燃料电池通过氢转化为水的过程产生电流，不产生温室气体。除热量外，水是氢燃料电池产生的唯一副产品。 但是氢燃料电池有技术上的局限性：它可以为小型飞机提供飞行动力，但为大型客机提供飞行动力有些难度。推广使用氢气和氢燃料电池，可减少石油、天然气、煤炭等三种可产生温室气体的能源的消耗。

小 知 识

1766 年卡文迪许在英国发现，氢气在高温、高压下，氢气甚至可以穿过很厚的钢板。

148

氢作为新能源有什么**特点**？

悠悠：氢能作为新能源家族中的一员，它与传统能源相比，有什么特点呢？

问号博士：氢气是所有元素中，重量最轻的；氢气是所有元素中，导热性最好的；氢是自然界中最普遍的元素；氢是除了核燃料外，发热值是所有化石燃料、化工燃料和生物燃料中最高的；氢燃烧性能好，点燃快，与空气混合时有广泛的可燃范围，而且燃点高，燃烧速度快；氢无毒无污染，与其他燃料相比氢燃烧时最清洁；氢能利用形式多，氢可以以气态、液态或固态的氢化物出现，能适应储运及各种应用环境的不同要求。

小 知 识

如果把海水中的氢全部提取出来，它所产生的总热量比地球上所有化石燃料放出的热量大9000倍。

你知道甜品能生产氢能吗？

悠悠：甜品制氢可是吓坏我了，博士给我讲讲吧！

问号博士：可以。将多糖植物、水和多种高效酶混合在一起进行反应，最终生成氢气和二氧化碳。这项新的反应体系解决了"氢经济"的三个主要技术壁垒：如何降低成本，如何贮存以及如何有效地进行传输。

研究者称，这是一项革命性的进展，开启了氢研究的新方向。他们相信，随着这项技术的发展，多糖完全有可能为交通工具提供动力来源。

就现状来看，尽管氢能源是一种能够替代化石能源的可持续清洁能源，但氢产品目前比较昂贵且低效，产能微生物也只能产生较少的氢气。因此，全世界的研究者都在急于寻找能够高效生产氢气的方法。

小知识

未来，人们会用甜品的固体淀粉或者纤维素制作成燃料，它没有任何气味，可以安全储存。这样产生动力源的方式将会更廉价、更清洁，也更高效。

你知道**大肠杆菌**可以制氢吗？

悠悠：电影《查理和巧克力工厂》中的工厂主拥有一部神奇的巨型玻璃电梯。爸爸说，工厂主可以利用巧克力工厂生产出来的氢气，给他的巨型玻璃电梯提供动力。这是为什么？

问号博士：大肠杆菌有一种特性，能使细菌内的纳米分子"吸引"糖分子靠近，然后发生接触反应。在反应过程中，大肠杆菌内的氢化酶会发挥催化作用，发酵糖并产生甲酸盐，随后细菌在分解甲酸盐的过程中会产生氢。同时，该过程还会引发连锁反应，产生另一种细菌并转化出更多氢。所以大肠杆菌"吃"糖吐氢气。

这种新工艺除了能制造氢能，还能帮助制糖厂处理这些巧克力残渣，不浪费资源，不污染环境。能源制造者还可以用氢气为工厂提供动力，甚至将氢气直接卖给能源公司。

小 知 识

大肠杆菌还能重新打造汽车零件的原料之一贵金属钯金。

问号博士

细菌+废水=**清洁**能源吗？

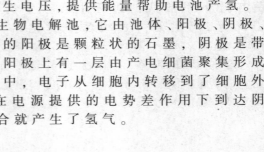

悠悠：废水可以制氢，大肠杆菌也可以制氢，那么废水+细菌可以制氢吗？

问号博士：可以。这种装置主要包括两个部分：一侧有存放细菌和它们的食物醋酸化合物的阳极池，而另一侧是氢气生成的阴极池，而两池之间则是由五个组合腔室构成的模块，用来循环盐水和淡水。盐水和淡水之间的电势差可以产生电压，提供能量帮助电池产氢。

这个设备其实是一个微生物电解池，它由池体、阳极、阴极、外电路及电源组成。电解池的阳极是颗粒状的石墨，阴极是带有铂催化剂的石炭。电解池阳极上有一层由产电细菌聚集形成的生物膜，细菌在代谢过程中，电子从细胞内转移到了细胞外的阳极，然后通过外电路在电源提供的电势差作用下到达阴极。在阴极，电子和质子结合就产生了氢气。

小 知 识

不是所有的细菌都能分解有机物产生氢气，只有一部分厌氧型细菌，才能分解有机物产生氢气。如希瓦氏菌、地杆菌、克雷伯氏杆菌等。